昭和の名将と愚将

半藤一利＋保阪正康

文春新書

618

昭和の名将と愚将◎目次

名将篇　7

名将篇

第一章 栗林忠道

栗林忠道

「名将の条件」を探る

保阪　今になって突然、栗林忠道《くりばやしただみち》さんが時代の寵児というか、ここまで話題になるというのは、世の中面白いものですね。

半藤　想像さえしていませんでしたよ。この方のことは、十二、三年前、『戦士の遺書』という本で私も書いていますが、そのときは取材も大変でした。いま改めて、栗林さんは名将ということで再評価されているわけですが、じゃあ、昭和史には他にどんな名将がいるか、何回かに分けて話し合ってみたいと思いましてね。「名将」の条件というと何が浮かびますか？

保阪　まず大前提として、理知的であること。私は、昭和十年代の陸軍は人事に問題があると思っていますから、当時、現実に統帥の側にいて、戦争を指揮した人たちについては、その能力を疑問視しているんです。だから、統帥とは一線を引いていて、軍政にもなるべくかかわっていない、理知的な人というのが条件です。私はよく山内正文《やまうちまさふみ》という軍人を挙げるんですが、栗林も同じで、アメリカ通で、中央を歩いていないところが共通しています。以前、私が書いた『陸軍良識派の研究』で取り上げた下村定《しもむらさだむ》、武藤章《むとうあきら》、石井秋穂《いしいあきほ》、堀《ほり》栄三《えいぞう》あたりも理知的な人と言えます。

それと、現場に指揮官として行ったときに、兵士に畏敬の念で見られる人。軍人は現場で兵士たちから慕われると同時に、尊敬されないといけません。武藤は、終戦後に兵士たちに「上官のせいにするな」と口止めをしていますから、その分、差し引かないといけませんけれど。

次に原則論ばかりを振りかざすタイプではない人。東條英機《とうじょうひでき》は、すぐに「天皇が、陛下が」とか、「軍人勅諭」を復唱しろとか言いますよね。戦後民主主義で、人権とか自由ということを金科玉条として振りかざすのも同じことだと思いますが、原則とか、大前提を振りかざされたら、ほかの人は何も言えなくなってしまう。そういう人は、論理的に物を考えることをしないタイプが多い。

あとは陸軍大学校で恩賜の軍刀組（成績優秀な一番から六番までは卒業時に天皇から軍刀が与えられる）ではなかった人に名将が多い気がします。以前、堀栄三氏（故人・『大本営参謀の情報戦記』の著者）に、陸軍教育の話を聞いたときに感じたのですが、陸人の成績は、指導教官の評価によって大きく左右されるんですね。数学や自然科学のように誰がやっても答えがひとつというような勉強ではなく、戦術・戦史の研究で図上演習をやる。東條とその側近だった佐藤賢了《さとうけんりょう》は、陸大では教官と生徒の関係だったんですが、彼らがわかりやすい例で、出世しそうな奴が教官になると、それについていく生徒が出てくるんですね。そういう生徒たちを周りは納豆と呼んでバカにしていた。

半藤　すぐにくっつくから納豆ですね。

保阪　そういう奴らがいい点を取って軍刀組になる。東條は、徹底してドイツ贔屓の授業をやるので、フランス贔屓だった稲田正純《いなだまさずみ》なんかは異議を唱えるんですが、そういう軍人は評価されない。石原莞爾《いしはらかんじ》のようにもともと優秀な人間もいますが、教官に合わせていい成績を取ろうとする人工的なエリートとでも言うべき人たちからは、官僚的な発想しか出てこない。

あと、駐在武官経験のある人は、客観的に物を見る人が多いですね。栗林も陸軍大学校を出て、昭和初期の五年間、駐在武官としてアメリカへ派遣されている。まあ、陸軍幼年学校と一般中学出身者とを比較すると、一般中学組のほうがバランスがいい。これも、ほかの人よりもいくぶん世間を見ているから。

今回取りあげる栗林は軍刀組ですが、駐在武官経験もあるし、一般中学出身です。たとえば、明治三十八年に陸軍士官学校に入学している十九期というのは、今村均《いまむらひとし》、本間雅晴《ほんままさはる》とか、まっとうな人が多いんですね。これは十九期が、日露戦争時の将校不足に備えて、一般中学からの合格者だけの期ということと関係があるのではないでしょうか。逆に言えば幼年学校のもつ弊害を実証しているともいえます。

半藤　保阪さんの基準は大変論理的ですね。私は、名将について考える場合、まず日本の軍隊のリーダーシップのあり方について考える必要があると思っているんです。明治国家が最初に経験した大規模な戦闘は、明治十年の西南戦争ですが、この時は公卿有栖川宮熾仁親王《ありすがわのみやたるひとしんのう》を大将とし、その幕下に山県有朋《やまがたありとも》以下、長州の歴戦の勇士をつけた。兵士は初めて徴兵して訓練した素人の軍隊で……。

保阪　素人の軍勢で、屈強の薩摩軍に勝った。

半藤　だから幕僚さえしっかりしてれば大将は素人でもいい。この発想から作られたのが、陸大であり、海軍大学校なんです。士官学校や兵学校というのは、小隊長や中隊長か、現場で戦う人材を育成しますが、陸大、海大は参謀を育てるんです。それを踏まえて見ていくと、名将と思われる人たちは、御輿で担がれたのではなく、自分で実際に陣頭指揮を執った人たちばかりなんです。たとえば悪い例を挙げると、ミッドウェー海戦のときの司令長官、南雲忠一《なぐもちゅういち》は、水雷畑の人で、航空戦は素人なんです。そして肝心要の参謀長の草鹿《くさか》龍之介《りゅうのすけ》は航空畑でしたが、なんと飛行船の大家。その下にいた航空参謀の源田実《げんだみのる》は専門家なんですが、戦闘機乗りで、爆撃機に戦闘機の護衛を付けろと主張する。だから、「敵らしきもの見ゆ」と発見してから出撃するまで一時間半もモタモタしてやられてしまう。太平洋戦争では陸海ともそんな例は山ほどある。そう考えると、名将と呼ばれた人は、自らの権限でもって責任をしっかりと取った人なのではないでしょうか。

　私はよく名将の条件を問われるもので、自分なりに、評価の基準を作っています。第一に決断を自分で下すことができた人。第二に、任務の目的を部下に明確に伝えられる人。第三に、情報を自らの目や耳で摑む人。第四に過去の成功体験にとらわれない人。第五に、常に焦点の場所に身を置いた人。そして最後に、部下に最大限の任務の遂行を求められる人。この六つの条件をクリアしている人はかなりの名将と言えますが、太平洋戦争のときは、権限も駆使せず責任も取らなかった人、権限ばかり駆使して最後に責任を取らなかった人が多い。逆に、部下に一切お任せで負けたときに腹だけは切った人もいる。とはいえ、どちらもきちんとやった人が非常に少ないがわずかにいるんですね。これが名将だと思うんですよ。

実戦経験のない指導部

保阪　なぜ、この時代を指揮した司令官がダメかと考えると、彼らは本格的な実戦経験がなかった。陸軍士官学校で十五〜十七期あたりが、太平洋戦争時には大臣や参謀総長をやっていますが、東條は十七期で、日露戦争のときは士官学校を短縮して卒業した世代で、第一次世界大戦でも本格的に参加はしていない。東條たちは日露戦争でも後方で、兵站の手伝いだけで終戦になる。満州事変の頃には、すでに省部（陸軍省、海軍省、参謀本部、軍令部）の幕僚だから、実戦には出ていない。

半藤　陸軍士官学校はわかりやすくて、明治十七年生まれは十七期。人によって若干のズレがあるんですけど、海軍の場合はこれに十五を足すと陸軍と同じになる。

保阪　山本五十六《やまもといそろく》は東條と同じ明治十七年生まれなんですが、彼は日露戦争を経験していますね。

半藤　みんな新品少尉ですね。山本は海兵三十二期、巡洋艦日進に乗って参戦して左手を負傷していますよ。

保阪　陸軍では太平洋戦争時に師団長だったのが二十五、六期のあたり、栗林はこの中に入りますが、彼らは中国戦線に何らかの形でかかわっている。東條たちの世代は、第一次世界大戦のあとにドイツへ留学しているんです。そこで、国家総力戦体制には、高度国防国家の整備が必要だと頭で学んで帰ってきただけ。

半藤　第一次世界大戦の教訓は、これからの戦争は総力戦だから国民も引き込まないといけない。そのためには高度国防国家を造らなければならないという使命感に燃えて帰ってくるんですね。

保阪　結果として、彼らは、兵隊の供給源として国家を兵舎にしようとする。だから小学生にまで「軍人勅諭」を覚えさせる。

半藤　私も覚えさせられました（笑）。いまでも言えます。

保阪　それと、東條たちの世代から下の軍人は、日清・日露を戦った世代は古すぎると語るんですよね。「あんな旧式の教育で育ったやつらに戦争がわかるか」とバカにしている節がある。

半藤　当時の陸軍のトップだった杉山元《すぎやまはじめ》とか畑俊六《はたしゅんろく》は日露戦争に行っている世代。杉山は、まさに大将として御輿に乗っかっていればいいと幕僚たちにバカにされたくちですね。あだ名は「便所のドア」。昔の便所のドアはどっちに押しても開くってことです（笑）。

社会的「変調」がもたらしたもの

保阪　さらに年上の宇垣一成《うがきかずしげ》、田中義一《たなかぎいち》、荒木貞夫《あらきさだお》あたりは戦争に行っており、昭和の初めに力を持つけれど、太平洋戦争時には、一線からは退いている。つまり、日露戦争の経験者は太平洋戦争の頃にはいなくなっていた。陸大の教科書になった『機密日露戦史』という本がありますが、これを読むと、勝利した側面ばかりことさらに持ち上げて書かれている。

半藤　それは海軍も同じで、肝心要のことはすべて伏せられたもので学んで、勝利の栄光のみを背負って海軍大学校を卒業した。

保阪　ダメな幹部を見ていくと、日本人の文化や伝統から逸脱していた連中が多い。僕はあの時代を見るときあの戦争に潜んでいる特攻や玉砕といった戦いのなかに文化の頽廃を見ますが、それは日本文化の当然の帰結か、それとも、亜種として見るのか。はたまったくの変調と見るか。その問いかけが必要だと思います。もし変調と仮定してみれば、彼らの戦争観は日本文化から逸脱したといえるのではないでしょうか。

半藤　司馬遼太郎さんも同じ指摘をしているのですが、僕も昭和十年代を変調と見ることには賛成です。ただし、変調に至る過程に問題があった。たとえば、アメリカは開戦前に日本について国民性や歴史を徹底的に調べている。日本人は今でこそ最後の一兵まで戦い、絶対に降伏しないと思われているが、本来はそんなことはなく、戦国時代では誰も玉砕せずに主将が腹を切るとすぐ城を明け渡している。だから、日本人はメンツが大切なのであって、それさえ留意すれば降伏するはずだ、という認識がアメリカ側にはあったんですよ。だから、特攻とか玉砕というのは、日本の文化にはないわけで、どこかで日本人は変調をきたしたに違いない。

保阪　私が思うには変調に至るプロセスで、切り落とされてきたものがあるんじゃないか。しかもそのプロセスは、短期間に起きている。その短い間に、我々の国が持っている文化の一番弱点の部分が凝縮されてしまった。

半藤　そうでしょうね。僕なりに考えてみると、元を正せば幕末の尊皇攘夷運動に行き着くんじゃないかと思うんですよ。日本は外圧を受けると、それに対して、強い排斥の態度をとる。ですから、幕末は国是としての攘夷運動が起きるんです。しかし、薩長は攘夷を決行しようとして、薩英戦争や下関戦争で、列強にコテンパンに負けます。このままではダメだから、文明を取り入れて、富国強兵をしてから改めて攘夷をしようと方針転換をするんです。これは西郷隆盛も言っています。そして明治維新以降も、攘夷の精神は死んでいない。

保阪　腹の底に沈んでいるだけですね。

半藤　だから、昭和の初めあたりから、列強国入りした日本に欧米から圧力がかかると、実際にはたいした外圧ではなくて日本が自ら招いたものにもかかわらず、すぐに過剰反応している。太平洋戦争開戦時の文化人の発言を拾ってみると面白いんですが、みんな攘夷の精神をまともに発揮していますよ。亀井勝一郎は、「これはペリー以来の我々の中にたまっていた攘夷の精神が初めて発露した日である。輝く日だ」とはっきり書いています。

保阪　もう一つ、時代背景として、軍人は、戦争という手段でしか天皇に奉公することができなかったことも大きい。明治維新以降、貧しかった日本は、軍が海外に進出して、戦争で勝利して、賠償金や権益を獲得する、という構造がモデルとしてあったから、不幸にして常に戦争をやらざるを得ないという宿命を背負っていた。

半藤　彼らは、国民の軍隊ではなく天皇の軍隊なんですよ。これは山県有朋が作ったすごい組織構図なんですが、近代日本は天皇の官僚と天皇の軍隊によって、一気に強国になっていく。

保阪　それとは別にもうひとつ、私は当時の政党政治への不信感も強いですね。彼らは政権抗争に終始して、不況や恐慌に対してまったく無策だった。また、政友会と民政党の抗争によって「統帥権」が政争の具に使われ、気づいたときには、軍部が力を持って、その力をコントロールできなくなっている。それを後押しした国民世論の力も大きかった。

半藤　そう。その意味でも新聞とラジオの罪は重いですね。昭和六年の満州事変以降は、新聞は軍の太鼓叩きとなった。「中央公論」「改造」「文藝春秋」といった雑誌ジャーナリズムのほうはもう少し頑張るんですが、昭和十四年の東大の「平賀粛学」のあと、自由主義者やリベラリストの書き手がすべて排除されてからは、これも抵抗できなくなっていく。

保阪　政党とメディアが果たした役割というのは少なくないですよね。松岡洋右《まつおかようすけ》は国際連盟を脱退して帰国したときに横浜で大歓迎を受けています。

半藤　国連脱退は言ってしまえば新聞が推進した。実に全国百三十二社の新聞が政府の決断より先に「早く脱退せよ」と尻をたたいている。

保阪　官僚も当然、挙げなくてはいけないですよ。特に文部省は国体明徴運動なんかの旗振り役ですし、天皇機関説や、異常なまでの西洋文化排斥など、日本人の奥底に眠っていた攘夷の精神を引き出すような回路を文部省が作るんです。そういう流れができてくるのが昭和八年ころからで、十五年までひどい状態になる。この変わり方に、僕らの国の「加速していく」という特徴が現れていますね。

半藤　だから、米内光政《よないみつまさ》の言葉を借りるなら、「とめようがなかった。まさに魔性の歴史だった。ただ流れていくほか、しょうがなかった」ということなんでしょう。

保阪　確かにそうかもしれませんね。

栗林忠道を生んだ背景

半藤　そういう時代に持久戦法をとりつつ最後まで戦うという変調した手法をとった栗林という人物が、今もてはやされているわけですが、これはやはり、『父親たちの星条旗』と『硫黄島からの手紙』の影響が大きいんでしょうね。

保阪　それは間違いないでしょう。硫黄島での戦い方を見ると、発想は合理的なんですが、最後の土壇場では命を懸けてもという日本人的な姿勢がある。これが、アメリカで好まれるんでしょうけれど、だいたいアメリカがこういう映画を作るときは、ベトナム戦争のあとしばらくしてから『地獄の黙示録』が作られたように、アメリカが自信を失っている、パワーがないときなんです。それは、アメリカ人の深層意識から出てくるものだと思います。

半藤　『父親たちの星条旗』も『硫黄島からの手紙』も、アメリカ人はイラク戦争に対する批判、反戦映画として捉えているそうです。『父親たちの星条旗』は、擂鉢山にアメリカ国旗を立てた有名な写真をめぐってヒーローが捏造されていくという過程を描くことで、戦争に真の英雄はいないという話になっているのですが、アメリカ人は、この硫黄島の激戦については教科書にも載っているくらい、みな知っている有名な話なんですね。だから、その興味たるやすさまじいものがあるらしい。

保阪　僕は、栗林という人物を選んだところにアメリカの時代の意思があると思うんですよ。彼は、駐在武官として五年間、ワシントンなどに赴任しています。そのため、アメリカと文化を共有し、同じ考え方を持っていて、日本の異常な戦時下で一生懸命戦った男だという発想が垣間見える。栗林をアメリカ的な人間として仮託して共鳴することでそこに悲劇性を見出しているわけですよ。これは、史実を理解するうえでは決してよいことではないと思いますが……。

半藤　まあ、映画としては非常によくできていると思いましたよ。もし、日本人が作ったら、家族との別れとか、栗林中将の苦悩とか、もっと情緒的な方向に行ったに違いないんです。あの映画はそういうところを一切排除している。その点でクリント・イーストウッドは名監督だと思いました。いろいろと考証がおかしなところはありましたけど。

保阪　そうするとアメリカのアメリカによるアメリカのための映画というわけでもないようですね。

半藤　ただ、予備知識のない日本人があの映画を見て、硫黄島で起きたことのすべてを理解するのは非常に難しいと思います。つまり、硫黄島がなぜ重要拠点だったか、どんな島で、どういう構造になっていたか、上陸から全滅までの過程もまったく説明がないんです。でもアメリカ人は、知っているから必要ないんですね。

保阪　たしかに、日本人は硫黄島玉砕の事実は知っていてもその内容は知らないし、第一、栗林のことすら最近まで知らなかった人も多いと思うんです。

半藤　彼は陸大を二番で卒業して、本来であれば、中央で活躍しておかしくない経歴の持ち主なんですが……。

保阪　それが馬政《ばせい》課長なんかをやっている。彼は騎兵ですが、当時は第一次世界大戦で戦車が登場して騎兵の役割が終わりを告げつつある時代です。おそらく、引き上げてくれる上官がいなかったとか、一般中学出身ということで、幼年学校のグループと距離を置いていたのかもしれません。栗林は陸大を出て昭和三年頃からアメリカに赴任しているんですね。同じ頃、国内にいたこの世代のエリートたちは、みんな一夕会《いっせきかい》、桜会といった勉強会を作って、日本をいかに高度国防国家にするか日夜議論を重ねています。

半藤　そうですね。ちょうど満州事変の頃で、国家改造の革新グループ、やがて統制派と皇道派、激闘の時代です。

保阪　駐在武官であれば普通は二年くらいで帰ってくるところ、五年間もいたというのは、それほど上からは評価されていなかったということではないでしょうか。省部のアメリカ軽視論とほぼ軌を一にしているのではないでしょうか。

半藤　だいたい騎兵なんかアメリカに行っても何も役に立ちませんからね。だけど、成績は優秀だから、形を付けるために、「ちょっと見て来い」と行かせたんじゃないかね。あの家族への手紙なんか読んでも、軍人社会になじむタイプではないですよ。えてして彼のように文人的な軍人というのは、軍内部では嫌われてるんですよ。秩父宮《ちちぶのみや》と親交の深かった本間雅晴中将なんかも典型ですよ。

保阪　栗林は、陸士と同時に東亜同文書院にも合格しているんですよ。彼の子供のときの資料を今、見せてもらっているんですが、日記をコッコッと付けている。とにかく特徴的なのが、描写がノンフィクション的というか、自分を客観視した表現が目につく。たとえば小学生のときにお祭りに出かけて、何を見たというときに、お祭りのなかの集団の一人として自分を書いている。陸軍の中でこういう視点を持ったらやっていけませんよ。陸士に入ってからの父親への手紙には「帝国軍人として頑張っている。お国へ奉公する」というような内容はまったく出てこない。今日はこんな訓練をして、隊長がこんな話をしていましたというだけです。ただ、父親や叔父の期待に応えようとしているんですね。だから、陸大での成績がよかったというのも、上官の期待に応えるというか、教官に合わせることができるところがあったんでしょうね。主体性が感じられない。ただ、硫黄島では、自らの戦術は決して譲っていませんが……。

半藤　いわゆる軍刀をガチャガチャ鳴らす帝国陸軍軍人の典型からは外れているんですね。でも、本人は、そのことをそれほど苦にしていないようなそぶりがある。

保阪　帰国後、彼は日中戦争が始まると中国に行きます。ここでは、情報か謀略をやっていたのではないでしょうか。その後、留守近衛師団の師団長になっている。

半藤　今、栗林の写真で一番有名なものは、近衛師団長の時のものです。面白いと思うのは、栗林さんをみんな「栗林中将」と言うんですが、本来であれば、栗林さんは大将なんですよね。

保阪　大将になったのは玉砕直前ですよね。

半藤　そうです。最後の最後になって大将に任じられているんですが、もう通信が途絶しているから本人も知らない。でも、大将なんです。だから、あの写真をよく見ると襟章だけ、星が三つついている。大将になっている。

保阪　修整したんですか？

半藤　そうです。だって軍帽の徽章が近衛師団のものですから。本当は大将になっていないんだけど、修整してある。

「硫黄島小笠原兵団長は神に近し」

保阪　不思議なのは、留守近衛師団の師団長が、なぜ硫黄島に行ったのか。

半藤　近衛師団といえば、師団のなかでもトップ。留守近衛師団は、宮城を守る重要な役割を果たしていた以上、本土決戦に備えての重責があるはずです。

保阪　以前、あるところで講演を終えたあとにやってきた人から、「彼は左遷されて行ったんだ」という話を聞きました。彼が師団長だった時に宮城で放火があった。どうもノイローゼになった兵隊がやったんだけど、すべて隠蔽されたという話なんです。確かに、宮城で放火といえば大事ですから、トップとしては鼎の軽重を問われる。ただ、私が調べた限り、失火事件はあったんですが放火だという資料はないように思うんです。

半藤　戦後すぐに出されたリチャード・ニューカムの『硫黄島——太平洋戦争死闘記』という本によると、昭和十九年の五月に、首相の東條に呼ばれて第百九師団の師団長に任命されるんですが、栗林は前の月に失火事件で留守近衛師団長を辞任、とある。このときの記述がまことに興味深い。「彼（栗林）は東條と政策の上でしばしば口論した」と書かれています。

保阪　近衛師団の前は中国ですから本当に口論があったとすればおそらく留守近衛師団の時に、首都防衛の任についているときでしょう。

半藤　この話には裏づけがない。ただ、この本を書くためにニューカム自身、東京に来ていろんな人から証言を得て、栗林の奥さんや、息子さんにも会っている。今話題になっている手紙も、実はこの本のなかにずいぶんと引用されているんです。取材は十分です。だからこの話がデタラメとは言いづらい。

保阪　推測するに、陸軍でも数少ないアメリカ通だった栗林を、東條が呼んでアメリカについていろいろと質問をしたんじゃないですか。

半藤　なるほど、それで最後には東條と衝突して左遷された……。

保阪　昭和十九年五月当時はまだマリアナも落ちていませんから、硫黄島の戦略的価値はそれほど高くない。

半藤　硫黄島が重要拠点になるとは思っていない。だから、東條が合理的に物を言う栗林を体よく追い払ったという可能性はありますね。

保阪　首都防衛に信頼できない人物を置いておけない。そうなると、栗林は硫黄島を死守することを期待されて派遣されたとは必ずしも言いがたいですよね。ところが結果的には、本土決戦のお手本となる。本土決戦で、相模湾を担当していた赤柴八重蔵《あかしばやえぞう》師団長は、三浦半島のあたりに塹壕を掘っていたそうですが、栗林の作戦が、本土決戦の作戦にいかに影響を与えたかがよくわかる。参謀本部の作戦部長が書いた『宮崎周一《みやざきしゅういち》中将日誌』には、二十年三月に硫黄島からの最後の電報を受け取った直後に、「硫黄島小笠原兵団長は神に近し」と書いてある。宮崎は、栗林の二期下で参謀本部では作戦部長というエリートです。そのエリートが栗林の戦い方は、そのサンプルであると高い評価をしているんですね。

「硫黄島」が後世に残したもの

半藤　名将という意味で彼の指揮を見ると、まず、彼はとにかく決断力があった。大本営から指導のあった島嶼防衛の水際作戦、敵部隊を水際で叩くという作戦を放棄する。彼は、サイパンやテニヤン、グアムの例から、水際作戦が有効でないと判断して、独自の戦法をとるわけです。戦車も埋めて砲台にしてしまう。この作戦には相当反対もあったようですが、全責任を負って徹底させた。

保阪　父島にいた高射砲部隊があるんですが、彼らのなかには硫黄島に行った人もいて、高射砲を一発も撃たずに死んでいった人もたくさんいるんです。でも、生き残った人たちはみな口々に、「栗林さんの下で死んだのだから」ということを言うんです。本来であれば高射砲部隊が高射砲を撃たずに死ぬなんて、屈辱ですよ。でもそれを納得させるものがあった。

半藤　彼は硫黄島をくまなく歩いていたそうですね。脚絆を巻いて、水筒を提げて、指揮杖を突いて島じゅう回るわけです。そうやって地形を頭の中に叩き込んで自分の目で情報を得る。これはなかなかできることではない。それと、全軍に「ここで死ね」と言い切った。この島を守ることが本土を守ることにつながるのだから本土決戦のつもりで、全軍が死ぬまで戦い抜くという目的を明らかにして徹底させた。「ここで死ね」と言い切った司令官はそういないですよ。

保阪　島全体にはりめぐらされた塹壕も、二、三ヶ月で、計画されたうちの三割から四割まで掘ったそうです。これはこじつけかも知れませんが、栗林は長野・松代の出身でしょう。終戦間際の松代大本営設営に何か関係があったら面白いんだけどね。

半藤　まさか。でもこの粘り強さはまさに長野県人特有のものですよ。合理主義で、几帳面で、細かくて……。彼は、すべて自ら計画を立て、指示を出していた。日本流の将軍のスタイルからすると、うるさすぎるくらいです。参謀たちからすれば、相当に煙たいし、実際に幕僚たちからは総スカンでした。栗林さんはそこで主要な参謀や旅団長を交代するということをやった。だから、戦後にノイローゼ説とか、部下に惨殺されたとかいろんな噂が出てくる。

保阪　本来であれば、小笠原兵団ですから、父島に司令部を置いてもよかったんですよね。むしろ軍官僚的には父島のほうが正解なわけです。

半藤　別に無線で指示を送っても問題ないのに、父島から硫黄島へ行くのも自ら言い出した。まさに焦点のところに位置した。

保阪　我を曲げないで自説を最後まで通したという背景には、彼の中に中枢部への不満が相当あったんじゃないでしょうか。つまり、大本営のやり方と違う方法で徹底的に抵抗することが、そのままメッセージになっている。おそらく栗林は、絶望したあと、硫黄島全体を自分の王国のように考えて、その中で全力を出しきろうとしたのではないかと思います。

半藤　赴任するときには、恩賜の軍刀から何からすべておいていったそうですから、最初から、ここが死に場所になると決めていたんでしょう。しかし、そのつもりで手紙を見てみると、これが戦局の状況とは関係なくて、「たこちゃんへ、元気ですか。お父さんは元気です」という調子で、相変わらずなんですよ。これは相当豪気だったとしか言いようがない。

保阪　彼のそれまでの表の経歴からは、そういう豪気さが見えてきませんね。

半藤　もう一つ、面白い話がありまして、朝枝繁春《あさえだしげはる》中佐という大本営の硫黄島担当の参謀にインタビューをしていたときに、大本営は、二月六日の時点で、硫黄島は放棄して、主戦場を沖縄、南西諸島にすると決定した、それを栗林さんに伝えてあったと言うんです。しかし、どうも栗林さんの手紙を読む限りでは、そういう兆しはまったくなくて、最後まで全軍挙げて応援に来ると思っている。

保阪　補給についてもずいぶんと要求を出していたようですね。
半藤　朝枝中佐が嘘をついたのかもしれませんが、万が一、硫黄島放棄の決定を栗林が知っていたらまた、別な意味が出てくる。
保阪　つまり、徹底抗戦した理由が変わってくるわけですね。
半藤　大本営が放棄したなら、アメリカ軍が降伏勧告を出したら独自の判断で投降してもいいわけです。
保阪　ただ、硫黄島に限らず、アッツ島でも、サイパンでも言えることですが、この頃の大本営の作戦指導は、統一性がなくなっていて、本土決戦のための時間稼ぎ的な要素が強くなってくる。結果として、各地を見捨てていく形になる。それを後世からおかしいと言うのは非常に簡単ですが、それぞれの地に赴任した人は、与えられた任務の中で、最善をつくしたんだと思いますよ。
半藤　アメリカ軍は、硫黄島なんて五日で制圧できると言っていたのに、終わってみたら一ヶ月で死傷者は日本より多い。栗林の抵抗のお陰でアメリカの本土上陸作戦は変更を大いに迫られたんですね。

第二章 石原莞爾と永田鉄山

永田鉄山

石原莞爾

参謀の六つのタイプ

保阪　前回は、話題の栗林忠道《くりばやしただみち》という軍人を通して、名将について考えましたが、今回は陸軍の参謀について考えてみようと思います。

半藤　参謀あるいは幕僚で、名前を挙げるとすればやはり、石原莞爾《いしはらかんじ》と永田鉄山《ながたてつざん》。

保阪　彼らには、歴史的に問われなくてはいけない責任があると思うのですが、それをおいても、他の軍人にない特質がある。

半藤　当時の日本の国家で、長期的な構想を持っていたという点ですね。そもそも参謀とは、本来司令官の副官であり、補佐役という立場です。私の勝手な分類では、参謀を大雑把に分けると六つのタイプに分類できる。まず第一が書記官型。指揮官の意思を伝達するだけで自らは判断したり、行動したりしない。言い換えれば側近型ですね。

保阪　日本には、多いタイプじゃないでしょうか。

半藤　頭のいい人に多いんですよ。第二に分身型といって自らが指揮官の代わりとなって物事を判断していくタイプ。上官ならこう動くだろうと意を汲んで動くので、代理指導型と言い換えても良いかもしれませんね。三番目が独立型。指揮官の立場を反映させつつも、独自の考え方を強く押し出すタイプですね。これは、専門分野を持っている人に多い。

保阪　海軍であれば、源田実《げんだみのる》でしょうか。

半藤　はい。ミッドウェー海戦では、専門分野である戦闘機で戦うことを強く主張してますね。そして、第四が準指揮官型。これは、指揮官に成り代わって自分が指揮権を発動する。時には指揮官無視で、全部仕切り始める。一番の典型例が辻政信《つじまさのぶ》ですね。第五番目が長期構想型。言い換えれば戦略型、独自の構想を持って国家戦略を実現していこうとするタイプです。石原と永田は、この資質が強い。第六が、政略担当型。政治家と連携して政治に関与していくことを得意にしているタイプです。鈴木貞一《すずきていいち》（第二次、第三次近衛文麿内閣・国務大臣）や鈴木と気脈を通じた海軍の石川信吾《いしかわしんご》といった、一般的に軍官僚と呼ばれる人。永田にはこの要素もある。

保阪　石原莞爾は、六つのタイプのなかでは独立型と長期構想型の両方に当てはまりますね。

半藤　ともあれ、現代の企業組織でもこのように分類してみると、いろいろ見えてくるものがあると思います。

石原莞爾の世界的ビジョン

保阪 石原のすごいところは、当時、他の軍人たちが対症療法的にしか、ものを考えていなかったのと対照的に、独自の歴史観と戦争観から導き出された世界規模でのプログラムとビジョンを明確に持っていて、それを強い信念の下に実行しようとした点につきますね。

半藤 日本の国力増強のために、いち早く満州の権益を確保すべしという構想を主張して、自ら実際に満州事変を起こした。昭和になったころの日本において、一番の課題だったのが「満蒙問題」で、満州の権益を、他国との衝突を避けながらいかに押えるかという問題があった。ところが蔣介石の国民政府軍が迫りつつあるにもかかわらず、当時の軍人も政治家も何も策がなく手をこまねいていた。そこに石原という天才が登場した。

保阪 彼がドイツへ駐在武官として赴任した大正時代の頃から、一連の構想についてすでに持論があったようです。彼は、世界規模での勝ち抜き戦の結果、西洋文明ではアメリカ、東洋文明では日本が勝ちあがる。そして、チャンピオン同士、東西の文明と文明がぶつかり合って最終戦争をやるという「世界最終戦論」という持論を持っていて、その戦いに勝利したものが文明を支配して、世界はやっと平穏になるという構想を抱いていた。そして、日本が東洋のチャンピオンになる過程で、主体的に中国やアジアの国と連携していくというのが彼のプログラム。満州はそのための大切な拠点なんですね。

半藤　準決勝でソビエトとアメリカが戦ってアメリカが勝つはずだから、それまではしっかりと満蒙を押えて、じっくり力を蓄えて、来るべき最終決戦に備えるべきだという壮大なスケールの構想なんですよ。いい悪いを別にして、当時、これだけのプログラムを作った人はいないですよね。

保阪　いませんよねえ。それに最終戦争の過程では兵器が発達して、地球を一回りする飛行機やなんかが出てくるなんて予言もしている。彼の思想の背景として、日蓮宗、特に「立正安国論」との関連を指摘する人は多いですね。石原自身も熱心な日蓮宗信者として知られていた。

半藤　「立正安国論」というのは、日蓮宗を信奉することで、国家が鎮まり、平和が訪れるという話でしょ。この「世界最終戦論」も一見とっぴょうしもない話のようですが……。

保阪　きちんと筋が通っている。ただ、天才受け入れられずで、彼の理論をすべて正確に理解した人はとても少ない。その後の歴史をみれば、殲滅戦やミサイルの登場なども含めて、石原の説に先見性があったことは事実です。

半藤　石原に熱烈なシンパが多いのも特徴ですよね。

保阪　私は以前、石原を書こうとして断念したことがあるんです。というのも、東條英機《とうじょうひでき》の伝記を書いたときはわりに簡単で、軍人のところへ行けば話は聞けたのですが、石原の場合は、入り口が六つくらいあるんですよ。ひとつは石原に私淑した軍人たちです。今田《いまだ》新太郎《しんたろう》とか、堀場《ほりば》一雄《かずお》といった彼の部下ですね。あとは、東亜連盟で彼の教えに触れた民間の人々。

半藤　ちょっと補足説明をすると、石原は、アジア諸民族の緩やかで自主性のある連帯をもとに、世界最終戦を乗り切ることを主張していたんです。石原の主張に共鳴して集まった人々が作ったのが東亜連盟です。

保阪　その東亜連盟も、後に田中角栄内閣で建設大臣になる木村武雄のグループと、報知新聞の記者だった高木《たかぎ》清壽《きよひさ》のグループに分かれる。さらには、湘南の方に画家のグループがある。東亜連盟の流れを汲んでいるんです。それと、白土《しらと》菊枝《きくえ》親子。

半藤　白土親子は、石原に関する書籍を精力的に出版していますね。この母子も石原に心酔している。

保阪　もうひとつ、石原の弟に石原六郎という人がいるんですが、彼は一生どこにも勤めなかったといわれているいささか変わり者で、最後は農場を開いていたというんです。そして石原を書こうとすると、どの入り口にも、そういったキーパーソンが頑強に立っていて、その人のOKが出ないと先に進めない。

半藤　しかも、キーパーソン同士が仲が悪いから、たとえば高木さんのところに行ったら「六郎なんてつまらん奴のところで話を聞くつもりなら、お前には話さない」というようなことがしばしば起こる（笑）。僕らが書こうと思った頃は、そういう人がみんな生きていたから、下手なことを書こうものなら「お前は何もわかってない」と一喝される。だからなかなか書くのが難しかった。

保阪　石原に私淑している人たちが、それぞれ妍《けん》を競っているようなところがありましたね。たとえば、石原は昭和二十四年の八月十五日に死ぬんですが、高木さんは、石原の臨終の際に、枕元にいて将軍の肉体から魂が抜けていくのを見たというんですよ。

半藤　それは、私も聞いたことがありますよ（笑）。こちらは、もちろん是々非々という姿勢で聞いているけど、もし「そんなバカな」なんて言ったら、その時点で終わりです。

保阪　高木さんの話で、石原について従軍していたときに、戦場で弾丸が石原を避けていったなんて話が兵士の間では語られていたというのです。新聞記者のようなインテリの人がそういうことを言う。本当はそういう石原像から解放してあげないといけないんですけどね。石原に惚れる人というのは、ちょっと他とは違う何かを持っている。みな強いシンパになりますね。

半藤　石原は部下にはやさしくて、兵士と一緒の飯を食うし、寝起きもする。でも、上官に対しては「その作戦には反対です」と言いたいことはきちんと言うので、とても信頼が厚かったようです。俺が上官の間は無駄死にはさせない、とも言ってますから。

保阪　徹底した合理主義者でもあるんですね。真崎甚三郎《まさきじんざぶろう》が、石原を手下にしようと、食事に誘うんですが、石原は「これは公用ですか？　私用ですか？」と尋ねたそうです。真崎は、「まあ、堅いこと言わずに」と言うと「私用であればご遠慮します」と断ったというエピソードがある（笑）。

半藤　嫌味の意味もあるんでしょう。とにかく陸軍史上一番の天才で名将と言われるほどですから。陸軍士官学校三十四期の三羽烏と言われた西浦進《にしうらすすむ》、堀場一雄、服部卓四郎《はっとりたくしろう》が、戦後に陸軍の名将は誰かという話になって、三人とも一位に石原莞爾の名前を挙げたほど、軍部の中でも非常に評価が高かった。

規格外ゆえの悲劇

保阪　もともとは、山形県の鶴岡の警察官の息子で、陸軍士官学校のときは、特に成績は良くなかったんですが、陸軍大学校で頭角を現してきたんですね。

半藤　陸大は、彼は本当は一番だった。だけど、ご進講といってトップは天皇に講義をするんですが、石原は洋服から何から汚くて、天皇の前に出せないし、何を言い出すかわからないと言って、二番にしたんですね。彼は投書魔で、陸軍次官から、参謀次長から、上層部の人間にのきなみ投書したという話もありますね。それで嫌われた。

保阪　天皇にも投書したという。

半藤　もし、石原によって満州事変が起きていなければ、その後の歴史は変わっていたでしょうね。

保阪　この頃の満州事変に至るまでの流れを整理すると、まず、昭和三年に張作霖爆殺事件があり、この結果、国民政府の北上が現実味を帯びてくる。その前から、満蒙の権益を確保すべく、石原は板垣征四郎《いたがきせいしろう》なんかとディスカッションして「満蒙問題私見」をまとめていくんですが、昭和六年の夏にはすでに奉天の特務機関と、満州謀略のための打ち合わせをしている。

半藤　それが中央に漏れ伝わってきて、天皇の耳にも入り、「軍紀をきびしくせよ」なんて言われて、陸軍中央はやむなく関東軍の独走を止めるために作戦部長の建川美次《たてかわよしつぐ》が奉天に視察と称して、謀略を止めに行くんですが……。同志であった東京の橋本欣五郎《はしもときんごろう》大佐から、謀略が漏れたから事を急げという電文が板垣と石原の元に打たれている。

保阪　そこで関東軍の参謀たちは建川に酒を飲ませて酔いつぶし、昭和六年九月十八日に柳条湖事件を起こすわけです。

半藤　当時の関東軍司令官の本庄繁《ほんじょうしげる》は着任早々、石原たちにいざというときには関東軍独自で動くことを承認している。いずれにせよ、謀略によって戦闘をはじめること以外には満蒙問題を解決する方策はないと石原たちは考えた。

保阪　この石原たちのプロセスへの評価が非常に難しいわけです。この機を逃せばチャンスがないことは明白なんですが……。

半藤　まあ、明らかな軍紀違反ですね（笑）。統帥権干犯どころの話じゃない。そこを、いざとなれば国家のためと、死刑を覚悟の上でやっている。

保阪　石原自身は、満州事変を本音ではどう考えていたんでしょうね。

半藤　彼は一度だけ、東京裁判のときに自分の考えを言っているんです。当時、彼は病気で東京に来れなかったから、検事が鶴岡まで尋問しに行ったんですが、そのときに「この戦争を戦争犯罪として裁くのであれば、まず満州事変を起こした俺を裁け」と言う。それで、俺を裁くならもう一人法廷へ呼び出して裁けという。それがペリー提督だった（笑）。

保阪　満州事変が起きてから、自分たちが正しいと思えば何をやってもいいという流れが陸軍内に生れたのは確かですね。

半藤　本来であれば軍事法廷で処罰されるところを、みんな出世するわけです。本庄なんて男爵になっちゃう。

保阪　陸軍では「大善」と「小善」という言い方があって、陛下のために、「軍人勅諭」を守って、その枠内で任務を果たすのは「小善」にすぎないといい、陛下のお気持ちを察して、ひとつ前に出て武勲を立てるというのが「大善」である。まあ、こうなると何をやってもいいということになりますね。

半藤　だから、満州事変でやめておけばという話になるんですが、このあと国際連盟から「リットン調査団」が派遣されて、「日本のやったことは謀略らしい。だから、日本軍はいったん満州から引くべし。ただ、満州国は成立してしまったので、その育成は日本に任せる」ということで、国際的にも満州国は一応認められる。

保阪　まあ消極的な承認ではありますが。でも、この当時の中国にも問題があるんですよ。

中国人たちも満州国の要職についてますし、孫文が第二革命を起こすときにも、資金のために、日本の満州における権益を認めるという密約をしていたという説があるんですね。これは以前にNHKで放送されたこともあり、私の知っている中国の研究者はかなり怒っていましたが。

半藤 日露戦争の時だって、日本が勝っていなければロシアが進出してきていたでしょう。満州というのは、チベットなんかと一緒で「関外の地」という感じだったんですね。

保阪 しかし、石原が昭和十二年に、関東軍の参謀副長として再び満州にきたときには、東條たち「二キ三スケ」など関東軍や官僚、財閥が満州を仕切ってしまい、完全な日本の植民地になってしまったといって激怒するんですね。石原の当初の目論見としては、五族協和、王道楽土という精神で、人工的な理想郷を作るという精神だったはずなのにというわけですが……。

半藤 命がけで実現しようとした自分の理想が崩れ去っていた。本来であれば、最終戦争に向けて中国とも協調して国力を蓄えるはずが、逆の事態になっていて愕然としたと思いますよ。彼は中国との戦争なんか全然考えていなかったんですから。

保阪 とにかく、対ソ戦略を重視しているから、中国と事を構える気はさらさらない。彼は、満州事変の後の昭和十年八月に参謀本部に戻ってくる。初出勤の日に永田鉄山が殺されるんですが、当時激しくなっていた統制派と皇道派の闘争にはいずれの側にも与せず、逆に、派閥抗争ばかりやって肝心の対ソ戦略が出来ていないと、非常に怒って、着任して早々、対ソ戦略を一から練り直させている。

半藤　そこで、昭和十一年に起きた二・二六事件での動きでは、少しわからないところがあるんですがね。

保阪　たしかに、当初どっちとも取れる動きをしています。ただ作戦部に来て後はこの部のなかに戦争指導課を作るんですが、これも石原の卓越した先見性を表す功績のひとつですね。

半藤　戦争指導課とは軍事と政治の調整をするところですね。作戦課長とその自ら作った戦争指導課の課長も兼任するんですよ。

保阪　そうやって陸軍の中でバラバラになっている組織と政治側の接点を作って軍政と軍令の調整を進めていくんです。その後、この戦争指導課は戦争指導班と名前を変えたり、有名無実化したり、参謀次長直属になったりしますが、組織は昭和二十年まで残る。そういう組織改革もしている。

半藤　ただ、この人が表舞台にいたのは日中戦争の初めまでですね。当時、対中戦不拡大を唱える石原は、大勢を占める拡大派に疎まれて関東軍の参謀副長に左遷される。

保阪　日中戦争のときには「中国一撃論」といって、中国はちょっと叩けば和平に応じるだろうという拡大方針が大勢を占めていて、当時の作戦課長の武藤章《むとうあきら》あたりが、やれ行けそれ行けという状態になる。それを作戦部長になっていた石原が抑えようとすると、武藤に「あなたたちが満州でやったことを我々は今やろうとしているんです」と逆に言われてしまう。

半藤　理論派の石原も、それを言われてさすがに黙ってしまった。

保阪　もっともこのとき、彼自身は「陛下の命令では、左遷なんて言葉はない」と言って関東軍に着任します。でも、参謀長の東條の下に付けられるのは、明らかに嫌がらせ人事ですよ。事実、この後に東條と激しく対立して、昭和十三年に舞鶴の司令官、次に京都の十六師団長などを経て、十六年には予備役になってしまう。その後は立命館大学の先生をやったり、東亜連盟とか協和会の同志たちの顧問役になっていろいろと影響力を与えるんですが、それを東條が目の色を変えて監視するんですね。

半藤　しばらく京都にいて、鶴岡に拠点を移しますね。

保阪　私は、昭和十六年十二月八日の開戦の日に石原が何をしていたのかずっと気になっていたんですが、中所豊という時事新報社の記者が昭和二十三年に書いた本（『日本軍閥秘史　裁かれる日まで』中華国際新聞社刊）によれば、大阪の上六の駅で石原にばったり出会って、この男は新聞記者だから、いろいろと情報を伝えると、気もそぞろに空を仰ぎながら「ああ、すべてはお終いだ。東條という男は何ということをするんだ」と言っていたそうですよ。開戦時には東京にでもいるものだと思っていたので、それを読んでびっくりした記憶があります。

半藤　石原の戦争観では、最悪の状況で対米戦を始めたという気持ちがあるんでしょうね。しかし、実は彼は天皇にも嫌われていたんですね。満州事変で手を組んだ板垣が陸軍大臣になったときに、冷や飯を食わされている石原をなんとか師団長にしようと上奏するんですが、なかなか天皇は判を捺さなかった。

保阪　天皇は型破りな人物が嫌いですからね。だから、昭和の陸軍を見る上で、石原という人物はとても異質なタイプと区別すべきですよ。陸軍としては石原的なものはまったく受け入れられない。だから石原という鏡で陸軍がわかるし、この組織の許容幅をさぐるバロメーターにもなっている。

半藤　そういえば、女っ気もないし、酒も飲まないというのも陸軍ではかなり珍しいですね。もっとも女のほうは、事故で出来なくなったという説ですが。

保阪　その話は私も高木さんから聞いたことがあります。「将軍はきれいな人ですから」という言い方をしていましたが……。つまり、酒も女もやらないということなんでしょうけど、芸者を囲っていたとかその手の話はまったくない。

半藤　私の調べた限りでは、士官学校を出てすぐ、連隊旗手のときに壇上に上がって連隊旗を持っていたら、強風にあおられて転落して、それで睾丸を強く打ったという説がある。石原は小柄でしたから。

保阪　もうひとつ説があって、それは、落馬して膀胱に剣が刺さったという説です。

半藤　でも、結婚はしているんですよね。

保阪　奥さんの影が薄い。だから狷介というと気の毒ですが、どこか純粋なところがある。それは、彼の性的なものに由来しているのかもしれませんね。

半藤　若いときから酒も女もやらないというのでは人間が出来ないですよ（笑）。それが彼のきちっとした性格につながっているんでしょうね。でも、そういうことを軽蔑した人は一切いませんでしたから、石原という人は出来た人だったんでしょうね。

数少ないゼネラリスト

半藤　永田鉄山は、石原とは対照的に陸軍の中心にいて、徹底的な改革を行ったという人ですね。石原莞爾は現場で活躍した人ですが、永田は陸軍省内の大黒柱であった。

保阪　永田は、スペシャリストではなくゼネラリストなんですね。当時の陸軍の中では珍しいくらい総合調整能力を持っていて、分析する力も卓越していた。その中でも特に永田が優れていたのは、高度国防国家は軍隊だけでつくれるものではないということを早くから理解して、それに向けて組織を改革した点ですね。

半藤　戦争は軍隊だけでやるものではなく、国家が総力を挙げてやるもので、国民の士気もまた戦力だという考え方。そのためには軍隊だけでなく、政府も説き伏せて、総力戦体制を作らないといけない。

保阪　昭和九年に作られた「陸軍パンフレット」通称「陸パン」というのがあります。これを書いたのは永田の門弟とでもいうべき池田《いけだ》純久《すみひさ》という軍人なんですが、この冒頭の一文に、永田の考えがよく表れている。「たたかひは創造の父、文化の母である」。すべては高度国防国家のためのプログラムを実現させるためだと。だから、永田は軍部だけでなく、官僚とも付き合うし、財界人とも付き合った。読書家でもあったから彼らとも付き合えるだけの知識があったんですね。

半藤 永田は、報道班をつくりマスコミもいち早く統制したんですね。だから、太平洋戦争での国家体制は永田のプログラムの影響を強く受けている。

保阪 当時の欧米と日本が決定的に違ったのは、向こうは平時と戦時とは、分けて考えていた。たとえば平時に一般車を作って、資本主義の枠内で動いているけれど、ひとたび戦争になったら、その瞬間に飛行機や戦車を作るような戦時体制に生産システムを切り替える。ところが、日本はまだその余裕がないから初めからすべて戦時体制をとるんですね。でも、それでもまだ足りない。だから、最終的に、国家をあらゆる意味で兵舎にしてしまい、国防国家という本来の目的から離れてしまう。

半藤 もし、彼が相沢事件で殺されていなければ、高度国防国家が建設できていたかもしれませんね。生きていたらということで言えば、表舞台に東條さんが出てくることはなかったでしょうね。なにせ「永田の前に永田なく、永田のあとに永田なし」と言われるほどの人物ですから、東條なんて出る幕がない。彼の天才ぶりは、ヨーロッパで第一次世界大戦をつぶさに見て、それをもとに国家総力戦に関する覚書を提出したら、あまりの出来に大騒ぎになったというくらいです。当時の陸軍大臣だった宇垣一成《うがきかずしげ》は、ドイツのルーデンドルフ以上だと言ったという話もある。

保阪　そのヨーロッパでスイス公使館付武官の頃、陸士十六期の永田と小畑敏四郎《おばたとしろう》、岡村《おかむら》寧次《やすじ》が集まって話し合ったのが「バーデン・バーデンの密約」です。三人が集まった次の日に東條が来て「密約」は四人ということになっていますが、まあ東條は付け足しのようなもので……。この密約の内容というのが、長州閥に支配されている陸軍部内の徹底的な改革。そしてこの改革以降、陸軍長州閥にかわる人事のものさしとして成績至上主義になっていくんですが、このときに彼らがさしあたり担いだのが、長州と関係のなかった荒木《あらき》貞夫《さだお》や真崎甚三郎です。彼らは後に皇道派のリーダーとなる。

半藤　その後、昭和になるとバーデン・バーデンの密約の仲間たちを中心に「一夕会《いっせきかい》」という組織が作られ、陸軍大学校の優等生がたくさん集まって軍内改革を成し遂げようとする。この会の中心が永田鉄山です。

保阪　一夕会には、後に軍の中枢部に座る人々がほとんど名を連ねています。

もし永田が生きていれば……

半藤　そうやって旧弊たる組織を壊して、改革をしたところまでは良かった。永田は軍政を担当して、小畑は戦略を担当する。この二人が実によいコンビネーションで、陸軍改革を進めていく。でもそのうち永田と小畑の間に意見の食い違いが出てきてしまう。小畑は軍令畑で「作戦の鬼」と呼ばれた人だから、とにかく対ソ戦略を進めようとするのに対して、永田は、国力の増強を第一に考えて、満州、ついで中国の権益を押えて、対ソ戦はそれからだという意見。だから、最後には大喧嘩になってしまう。

保阪　この違いが後に、小畑は皇道派、永田は統制派と分かれていくんですね。

半藤　当時、対ソ戦積極派の荒木や真崎の下についたのが小畑。小畑たちから見ると、永田がやろうとしていた組織作りというのは、全体主義的なアカがやっていることのように見えた。そのアカが、財閥や官僚と組んでよからぬことをやっているから、皇道精神に基づいて政治を正そうという発想になってくる。それが満州事変が終わる頃の昭和七、八年ですね。そのうち、小畑と永田の対立が手に負えなくなって、当時の陸軍大臣だった荒木が、喧嘩両成敗ということで両方を中央から飛ばしてしまう。

保阪　同時にこの頃、国体明徴運動や天皇機関説排斥運動が盛んになってきて、荒木貞夫が「皇軍」という言葉を使い始める。これが「皇道派」の名前の由来なんですが、そういう純化への動きに永田はとても批判的なんですね。荒木や真崎を支持している連中は青年将校だから、自らが権力を握るまでには時間がかかる。そこで、皇道派は天皇の側にいる君側の奸を排除することで非合法な形でもいいから権力を握ろうという発想になってくる。対する統制派の連中は、すでに中堅が多いから時間がくれば黙っていても権力は自分たちが握れるようになる。だから、熟柿主義ですね。

半藤　統制派の人たちに言わせると、統制派なんて派閥はなかったと言うんですよ。皇道派は確かに派閥を作っていたけど、統制派は中心で権力を握っているから、派閥という意識はなかったということなんでしょう。

保阪　この二派の対立が極点に達する原因が人事問題なんですね。陸軍では陸軍大臣・参謀総長・教育総監を総称して陸軍三長官と呼んでいて、その人事は三長官自身の合議で決めていた。昭和八年当時、陸相・荒木貞夫、教育総監・林銑十郎《はやしせんじゅうろう》、参謀総長は閑院宮《かんいんのみや》で荒木が据えたお飾りですから、その下の参謀次長だった真崎が実質的な参謀総長だった。それで、林が自分が教育総監を辞めるから、真崎も参謀次長をやめて教育総監に動くようゴリ押しする。これが、まず皇道派の反感を買った。

半藤　三長官の中では、教育総監はやや格下ではありますが、別に左遷ではないから反感を買うというのも変な話なんですが。

保阪　それで、林や渡辺錠太郎《わたなべじょうたろう》といった統制派の連中が、喧嘩両成敗のはずだったのに永田だけを軍務局長として呼び戻す。この軍務局長というのがとても重要なポストで、次官とか大臣は判子を押すだけですが、軍務局長は現場のトップですから、永田の描いたプログラムが思ったとおりに進められるようになる。

半藤　この人事が皇道派からは、渡辺や永田が人事を壟断しているという不満を持たれて、永田個人に対する反感につながっていく。

保阪　永田に関しては、殺される前に怪文書が相当出回ったようですね。政治家とつるんで軍を弱体化させようとしているとか、人事権を濫用して真崎を追い払ったとか、永田だけが悪いわけではないのに、とにかく永田が一番の元凶だという文書が相当出回った。

半藤　ずば抜けて優秀だから、目立って目の敵にされたんです。

保阪　その後、真崎が教育総監も辞めさせられると、皇道派の不満が爆発して、昭和十年の八月に、永田が皇道派の相沢三郎《あいざわさぶろう》に殺されてしまう。相沢事件ですね。

半藤　気の毒なのは、戦時体制に対する批判からではなく、単にあいつが気に入らないという、実に程度の低い理由で殺されてしまう。

保阪　そういえば、石原と永田は一夕会で顔を合わせていても不思議はないんですが、石原と永田が肝胆相照らして語ったという記録はどこにもないんですよね。ただ、石原が相沢の行為について是認するような言動があったと書いている書もあるんですが、永田に対して何らかの否定的な思いはあったと思いますよ。

半藤　たしかに統制派の「中国一撃論」を石原は嫌っていましたから。しかし、石原はあれだけシンパがいて本が出ているのに、永田に関する本って少ないですよね。永田にはエピソードらしきものもまったくない。

保阪　エピソードのある目立つ人しか書けないというのは、日本の軍事について戦後、専門的に分析する力がなかったということでしょう。

半藤　永田のことがわからないとなぜ太平洋戦争が起きたのかということも、本当のところはわからないのかもしれない。

保阪　やがて皇道派が二・二六事件を起こして歴史は大きく転換していく。これも永田がいなくなって抑えがきかなくなったから起きたとも言えるかもしれませんね。

半藤　二・二六事件で討伐されて皇道派が力を失うと、統制派が力を持ち始めて「中国一撃論」を主張し始める。これは石原の意見と対立してくる。それで杉山元《すぎやまはじめ》が天皇に「一ヶ月で片付きます」といって日中戦争に突入するんですが、永田が生きていたら、果たして日中戦争まで入っていったのか……。少なくとも戦争が出来る体制ではなかったから、もう少し違う状況が生れていたかもしれないと思うんです。それで東條なんかが俄然力を持ち始める。

保阪　永田が死んだときに、東條は極秘で東京に出てくるんです。東條は永田にかわいがられましたから。そのとき、永田が死んだときに着ていた血染めの軍服を腹心の赤松貞雄《あかまつさだお》に持ってこさせて、それを着て皇道派への復讐を誓ったという話を当の赤松さんから聞いたことがある。

半藤　確かにその後の東條の皇道派嫌いは徹底してますね。東京から皇道派は十里以内に入れるなという笑い話があるくらいです。皇道派だった小野寺信《おのでらまこと》なんか、スウェーデンから重大な情報をどんどん送ってきても、全部東條や統制派の幕僚たちに握りつぶされてしまう。

保阪　東條自身は、永田のことが好きかもしれませんが、永田の思想は理解していなかったと思いますよ。たとえば東條が首相になってからの執務姿勢はまさに天皇親政を目指しています。それに彼が陸軍次官のときには、池田成彬《いけだしげあき》蔵相が軍事工場をつくるにあたって、株式会社化して、配当を多くして、民間に投資させたらどうかという提案をする。それに対して東條は、軍事産業は金儲けのためにやるものではないと、文句を言うんですね。これも永田の発想とは逆ですよ。

半藤　東條は、その後、永田の後継者という看板を背負って登場してきますが、思想まで継承しようとしたとは到底思えませんね。その意味では永田を利用したとも言えます。もし、という言い方はよくないかもしれませんが、永田も石原も二人ともが陸軍にいたら、太平洋戦争までの歴史は、ずいぶんと変わったものになっていたと思いますよ。

第三章
米内光政と山口多聞

山口多聞

米内光政

芸者にモテた米内

半藤　今日は、海軍について話をしてみようと思うんですが。

保阪　海軍軍人というと「港、港に女あり」ではないですが、芸者の話が必ず出てきますよね。陸軍にも、沖縄玉砕の折りに司令部などに芸者らしき女性がいたなんて話はありますが、海軍ほどは芸者がらみの話が出てきませんね。

半藤　おっしゃるとおり、佐世保にも呉にも、横須賀にも、軍港町には必ず芸者屋があるんですよ。横須賀には小松という海軍御用達の有名な料亭がありますが、ここは、提督と下っ端で入り口が違うんですね。そうやって設備もしっかりしている。

保阪　海軍の場合、宴会をやると芸者がセットになっていたようですね。今回のテーマの一人、米内光政《よないみつまさ》の部下だった山本五十六《やまもといそろく》なんかも、かなり遊んだそうですが。

半藤　米内は、背が高くて美男子だったので実に芸者にモテたそうです。佐世保鎮守府の長官だったときには新年会に自分の部下の奥さんたちを全部呼んで、大宴会をやっていたところに、芸者が大量にやってきた。奥さんたちはみんなびっくりしたそうですが、米内は、顰蹙を買いながらも気にせずに、芸者とカルタ取りをしたそうです。そのときの弁が

「芸者でも乞食でも年始に来るものはみんな引き受けます」(笑)。

保阪　周りがどう言おうとあまり意に介さない人のようですね。良く言えばおおらか。

半藤　米内をほめる人は、こういう点をもって評価するんですが、気に入らない人は「あんな軟弱だから、アメリカに弱いんだ」と言う。とにかく芸者にはモテたようで、佐世保を去る時には、佐世保の駅は見送りの芸者の山だったとか。

保阪　二・二六事件のときも、芸者のところにいたそうですね。

半藤　当時は、横須賀の鎮守府司令長官だったんですが、事件当夜、米内は、築地の芸者のところにいて、横須賀にはいなかったんですよ。事件の一報を聞いたのがその下で参謀長だった井上成美《いのうえしげよし》。当の米内は、次の朝、連絡を受けて、あわてて横須賀線の一番列車で帰ったんですが、カミソリと言われた井上が万事心得ていたので、米内がいるかのように振舞って事なきを得た。

保阪　横須賀鎮守府は、海軍陸戦隊を組織して東京湾に海軍を集めて、反乱軍の鎮圧に向かったというので世論では評価されたようですね。

半藤　九時ごろのんびり鎮守府に現れた米内を見て、事情を知らない人は大きな事件が起きているのに動じない、器の大きな人だと感心したという話がある。後に名コンビといわれる米内と井上の関係は、この頃からすでに確立されているんですね。

保阪　この二人は、対照的な性格ですよ。芸者の話で言うと、井上は潔癖だったそうですね。そういうところに行っても、布団に入って英書なんか読んでいたようです。

半藤　米内、山本、井上というのは会社組織でたとえるなら、米内がのんびり社長、山本が歯に衣を着せぬ専務、井上が厳格な経理部長といったところですよ。

保阪　その三人が、昭和十四年には、それぞれ米内海相、山本次官、井上軍務局長として、条約反対三羽烏と呼ばれて日独伊三国同盟に反対しますね。このときの三人の行動は、まさに海軍の良識派と言ってよいと思いますよ（笑）。

半藤　米内は昭和十二年の林銑十郎《はやしせんじゅうろう》内閣から海相に就任していますが、本人は軍政が嫌いだったので、最初は海相になるのを相当嫌がったようです。せっかく連合艦隊司令長官になったのに、二ヶ月で辞めさせられたので相当未練があったらしく「一属吏になるなんてまったくありがたくない話だ」という言葉が残っています。

あだ名は「金魚大臣」

保阪　しかし、米内は切れ者という感じではないですね。兵学校時代の成績もそれほどよくなかったようですし。

半藤　百二十五人中六十八番ですからね。彼が海軍大臣までなったのも、天の配剤というか、偶然の要素が多いんですよ。就任したときも「金魚大臣」と呼ばれてましたから。華やかだけど煮ても焼いても食えないと（笑）。もともと海軍では、昭和五年のロンドン会議をめぐって、軍縮条約に反対する艦隊派と、賛成の条約派に割れていたんですが、海軍にいた後の軍令部総長伏見宮博恭王《ふしみのみやひろやすおう》と東郷平八郎《とうごうへいはちろう》元帥の意向で、艦隊派が天下を取ると、条約派がどんどん排除されていくんですね。米内も条約派だったので、朝鮮半島の鎮海軍港の司令官に行かされる。この役は本来なら「あがり」で、次は予備役になるはずだったんです。

保阪　条約派だった堀悌吉《ほりていきち》にしても、山梨勝之進《やまなしかつのしん》にしても、昭和七年から十年までに退役していますね。なぜ、米内だけが海軍にとどまることが出来たのでしょうか。

半藤　ひとつは、当時、条約派を追放した大角岑生《おおすみみねお》海相が、米内だけは残すよう指示したという話があります。もうひとつは、彼は眉目秀麗なので、軍令部総長の伏見宮様が気に入っていたという説。

保阪　嶋田繁太郎《しまだしげたろう》や、末次信正《すえつぐのぶまさ》なんかも、伏見宮に気に入られていました。

半藤　いずれにしても、退役になったほかの人たちが論客であったのに対し、米内は、毒にも薬にもならないだろうと思われたのが理由のようですね。目立たないのが米内の真骨頂ですから。実際に、三国同盟に反対したときも、海軍内部は、一枚岩ではなかったのですが、実情は井上と山本がしっかり下を抑えていた。米内は、ただその上に乗っかっていただけという説もあります。だから、この人は、上に乗ることに意味のある人なのかもしれませんね。

保阪　その後、日中戦争や、三国同盟などの難局を乗り切るべく、総理大臣にまで登り詰めますね。あれよ、あれよという感じです。でも、この内閣も陸軍が大臣を出さずに半年でつぶれてしまいます。

半藤　陸軍としては、日中戦争不拡大、三国同盟反対ではとても協力できない。そこで陸軍は、大臣は予備役でなく、現役でなくてはならないという現役武官制を利用して、畑《はた》俊六《しゅんろく》陸相を辞任させてその後継の大臣を出さないことで、米内内閣を倒してしまいます。

保阪　畑俊六自身は、辞表を出したくなかったのだけれど、下僚に突き上げられてやむなく出したのが実情のようです。その心を汲んでか、東京裁判の際に、ウェッブ裁判長からは「こんな愚鈍な首相は見たことがない」と罵倒されますが、米内は、とにかくのらりくらりとシラを切りながら、一生懸命Ａ級戦犯の畑を弁護しています。

半藤　米内にはどうも万事肚におさめるというか、人を食ったところがあるんですね。総理大臣を辞めたあとに、日光見物に行っているのですが、歌と句が残っています。ひとつは「見るもよし　聞くもまたよし　世の中は　いわぬが花と猿はいうなり」。もうひとつは「ねたふりを　しても動くや　猫の耳」。

保阪　歌は得意のようですが、東北人らしく口数が少なくて、首相演説なども相当に短かったそうですね。

半藤　大正十二年に、練習艦「磐手」の艦長として訪れた、ニュージーランドの小学校で挨拶したときには「I'm glad to see you, thank you.」だけしか話さなかったという逸話もあります。

保阪　それはあまりに失礼すぎる（笑）。

半藤　昭和二十年十一月三十日の海軍最後の日に、最後の海相として挨拶したときでさえ、朝日の海軍記者の門田圭三さんという人が書いた原稿を読み上げると、「では、皆さん、さようなら」とだけ喋って終わりだったそうです。だから、口下手なことは間違いないと思いますよ。東北訛りを気にしてのことかもしれません。

保阪　しかし、天皇に奏上するときもそんなに喋らなかったんですか？

半藤　最近発掘の小倉庫次《おぐらくらじ》侍従《じじゅう》の日記では、天皇の前に出ても、五分ぐらいで終わったそうです。松岡洋右《まつおかようすけ》なんか二時間もやっていたのに……。

保阪　天皇は、平沼騏一郎《ひらぬまきいちろう》内閣で三国同盟に反対していた頃から、米内をかなり評価していたようですね。

半藤　そうですね。米内内閣がつぶれたときも、天皇は葉山の御用邸にいたんですが、慌てて東京に戻ってきて、米内と畑を説得しようとしたそうです。でも、米内が辞表を持って来て、間に合わなかった。天皇としては米内にはもう少しがんばってほしかったということを側近に漏らしたそうです。

保阪　ただ、私は米内には、口数も少ないせいもあるのでしょうが、何を考えているかわからないところがあると思うんです。米内個人の言動を見る限り、彼はぎりぎりまでは態度を表明せずに、最後の最後で我を出す。その意味では米内という人物は、日本海軍を象徴するような存在じゃないかと思っているんですよ。というのも、日中戦争の時には、近衛文麿《このえふみまろ》内閣の不拡大方針に反対する杉山元《すぎやまはじめ》を初めとする拡大派の勢力を、海軍として止めることが出来なかったでしょう。彼の行動を見ると、一貫して国益よりも海軍省の省益を重視していると受け取られても仕方がないところがあるように思えます。

半藤　当時の海軍は日本の国力を熟知していて、英米とは対抗できないという認識はあったんですが、途中から陸軍のような精神論が入ってきて下からも突き上げられてはいるんですね。

保阪　しかし、海軍は、陸軍に引きずられてしかたなく戦争をしたんだという海軍善玉論が戦後社会では根強く存在していますよね。でもそれは陸軍が悪いということにして、海軍の中で問題を隠蔽しているようにも思えるんです。実際には海軍の中にも、石川信吾《いしかわしんご》や富岡定俊《とみおかさだとし》といった陸軍の幕僚たちとつながって戦争を遂行しようとした対米強硬派と言うべき人物もたくさんいますね。そもそも太平洋戦争のきっかけになった南部仏印進駐も海軍主導によるものですからね。東條英機《とうじょうひでき》の秘書だった陸軍の赤松貞雄《あかまつさだお》も「海軍がひとことできないと言ってくれれば戦争はできなかった」なんて言っているくらいです。

半藤　確かに太平洋戦争は、海軍主導の戦争ですからね。ただ、米内に関して言えば総理大臣を辞めた後は、予備役ですから、太平洋戦争の開戦時には関わっていない。彼が再び表に出てくるのは、二度目の海相に就任した昭和十九年七月になってから、すでに戦局厳しくサイパンが陥落した後です。しかし総理大臣まで経験した人が、予備役から海相に復帰するというのは異例のケースですよ。

保阪　陸軍では、こういうケースはないです。海軍では難局に当たることができる人物が他にいなかったのかもしれませんね。たしかに、意見が対立するような大事な局面では、先鋭的な切れ者よりも、温厚で敵が少ない人が推されることは多い。

腹心、井上との決別

半藤　米内が再び海相になって最初にやったことが、当時は海軍兵学校校長だった腹心の井上を、無理やり呼び戻して海軍次官に据えることでした。

保阪　この二人がいきなり直面したのが、陸海軍統一問題です。小磯國昭《こいそくにあき》内閣が陸軍の支持が得られずに早期退陣、鈴木貫太郎《すずきかんたろう》内閣が成立した日に戦艦「大和」が沈み、すでに海軍は戦力としては壊滅状態にあります。この頃から陸海軍の合併が取りざたされますよね。

半藤　すでに、この頃になると天皇側近や首脳部は終戦を視野に入れています。そこで、終戦工作をするには、陸軍に対抗して、海軍が独立した力を持っていないといけない、そのためには井上が必要だというのが米内の考えだったようです。これは卓越した視点だと思いますね。事実、陸海軍が合併していたら終戦工作は、もっと困難なものになっていたかもしれない。

保阪　現実に、連合艦隊は壊滅状態だけれども、陸軍に対するメンツから、早々に和平を言い出すことも難しい。そういうなかで海軍がどうやって陸軍と対抗していくかと考えたときに、米内のようなやり方しか残っていなかったのかもしれませんね。

半藤　海軍と合併して、指揮下に置いて、アメリカと徹底抗戦することが、陸軍にとっての省益だったのに対して、海軍は、海軍の独自性を主張するために動いた結果が終戦工作につながったとも言えますね。

保阪　結果的に省益と国益がイコールになった。そのあたりが、米内を象徴的な存在に感じるゆえんでもあるのですが。ただ、米内の気概が見えるのが、「バーンズ回答」のときのエピソードです。

半藤　ポツダム宣言のときに、国体護持に言及がなかったため、スイスを通じてアメリカにその件を打診します。このときのアメリカの国務長官から来た返答が「バーンズ回答」なんですが、この訳文がまた問題になる。

保阪　「subject to the Supreme Commander of the Allied Powers」の「subject to」の訳文が問題になって、外務省は「(天皇は連合軍最高司令官の) 制限の下に置かれる」、

統帥部は「従属する」と別々に解釈するんです。そこで、海軍の豊田副武《とよだそえむ》と、陸軍の梅津《うめづ》美治郎《よしじろう》が、天皇が「従属する」のでは、国体の護持が出来ないので徹底抗戦すると天皇に伝えに行く。それを後から聞いた米内が、豊田とその部下の大西瀧治郎《おおにしたきじろう》を呼びつけて、勝手なことをするなと怒鳴りつける。

半藤　豊田は、この頃になると完全に陸軍と歩みをそろえていますから。

保阪　実際に抗戦派からは命を狙われるようなこともあったようですが、この頃の米内には、命をかけて終戦に導こうという意志が強く感じられますよ。

半藤　こうと決めたら動かないという米内の本質がよく出ています。ただ、残念なことにこのときにはすでに名コンビの井上とは袂をわかっているんですね。過激な主張をする井上が突出して目の敵にされるのを心配して、井上を大将に上げて政治の舞台から遠ざけた。でも、井上は、梯子を外されたと怒って次官を辞めてしまう。それ以降、井上はすっぱりと米内との交流を絶ってしまいます。

保阪　戦後、米内が死んだときも井上は葬式に出なかったそうですが。

半藤　井上も意固地になって「負け戦、大将だけはやはり出来」なんて変な川柳を残さないで、捨て身で米内を助ければよかったのにと思うのですが……。

保阪　井上が辞めた後の米内は、海軍でも孤立無援ですから、豊田にも怒るし、海軍内の抗戦派にも怒る。それまでの米内のイメージとは少し違いますよね。まさに孤軍奮闘です。

半藤　米内と井上というコンビが面白いのは、決して彼らはしょっちゅう話し合いをしたりするような仲ではなかったことです。三国同盟に反対するときも、米内、山本、井上はこの件で一度も話し合わなかった。以心伝心で同じ意見であると伝わっていた。むしろ喋ることで漏れてしまうこともある。それよりも、こうと決めたら何があっても変わらないというのが重要なんですね。少し話はずれますが、私は太平洋戦争は薩長が始めて、賊軍が終わらせたという持論なんですよ。米内光政は盛岡藩、井上成美は仙台藩、鈴木貫太郎が関宿《せきやど》藩。終戦とかかわりはないですが、慎重派だった山本五十六も長岡藩です。たぶん彼ら賊軍の人は、自分たちが国を造ったという自負がある薩長とは違う視点で、最後に愛国心を発揮して、ここで戦争をやめないと国が滅ぶのではと、頑張ったんじゃないでしょうか。

快食快便の優等生

保阪　なるほど、そういう見方もできますね。今日は山口多聞《やまぐちたもん》についても語りあいたいのですが、この軍人は井上とは違った意味で米内とは対照的な人物ですよね。

半藤　戦後まで生き延びた米内、井上と違って、ミッドウェー海戦で戦死していますし、米内が軍政で活躍したのに対し、山口は現場一辺倒ですね。

保阪　どんな人物だったんですか？

半藤　弁が立って親分肌、そのうえ、快食快便。いたって健康で、頭痛、腹痛、歯痛というものにまったく縁がない。それで、とにかくよく食べたそうです。コロッケでも牛肉でも大きなものが出ると喜んで食べ、小さいと不満を漏らしたそうです。年次で言えば、山口は、山本、井上の下にあたるんですが、彼はものすごい秀才で、海軍大学校も優等卒業で恩賜の軍刀をもらうほどの優等生です。ここがまず米内と違う。

保阪　プリンストン大学に留学までしています。しかし、これだけ優秀なら、現場の軍令ではなく、中央で軍政を担当させるんじゃないですか？

半藤　それが不思議なんですが、優等生で、これだけ外ばかり歩く人も珍しい。おそらく本人が嫌ったんじゃないかと思います。

保阪　軍政の仕事はロンドン海軍軍縮会議の際に、同行している程度ですね。

半藤　そのうえ、米内のように貧しい家の出身ではなく、江戸のいいとこの出で、叔父の一人が学習院の院長、もう一人が日本で二人目の工学博士。本人だって開成中学出身ですから。

保阪　それは優秀な一家ですね。この人の奥さんは大正天皇の侍従武官だった四竈孝輔《しかまこうすけ》の姪でしたね。

半藤　はい。この奥さんは後添えなんですがね。四竈は、山本五十六の仲人をやっている。米内と山口というのはそれほど接点はないんですが、山本と山口は、接点が多かったので、山本の後継者と目されたというのが衆目の一致するところであったと思います。

保阪　彼はもともと潜水艦乗りですよね。成績が良いと、潜水艦には行かないのではないですか？

半藤　だから、変わっているんですね。ロンドン軍縮条約の際に、もらってきた潜水艦を自分で乗って運んで帰ったそうですから。

保阪　その後に航空畑に移るのは山本の影響でしょう。

半藤　ちょうど、日中戦争になって山本が次官になり、航空戦の重要性が叫ばれ始めた頃ですから。このときに面白い話がありまして、山口多聞と大西瀧治郎が、日中戦争のときに漢口で合流して重慶爆撃の指揮を執ることになるんですが、この二人がまったく意見が合わなかった。

保阪　山口と大西は海兵四十期で同期ですよね。他には、宇垣纏《うがきまとめ》とか、福留繁《ふくとめしげる》とか。

半藤　いやはや、すごい期ですね（笑）。この二人、何が合わなかったかというと、大西は根っからの航空屋だから、戦闘機を重視するので、爆撃には戦闘機を必ず付けろという。一方の山口はいけいけどんどん、見敵必勝。それでのべつ喧嘩していたそうです。酒の席で大西が杯を投げたら、山口が徳利を投げ返したという話も残っています。ただし、大西は山口を尊敬し、仲はすごくよかった。そして、山口はこの重慶爆撃で、機動部隊の重要性に気づいたわけです。

保阪　それが、真珠湾攻撃につながってくるわけですね。山口といえば、真珠湾のときに、第一次攻撃に続いて第二次攻撃を主張したといわれていますね。もしこれが成功していれば、アメリカの艦隊により打撃を与えて、反攻までにもっと時間が稼げたのではといわれていますが……。

半藤　真珠湾のときは、第一次攻撃を加えて効果が出れば直ちに退避せよと軍令部から命令が出ていましたから。

保阪　そうなると、やはり引き上げざるを得ないわけだ。

半藤　さて問題は真珠湾のあとなんです。真珠湾のあとの第二段作戦が決まってなかった。それで、山口は、ミッドウェーを叩いて、ハワイを攻略し、次はパナマ運河を破壊、その後、西海岸を空襲するという案を建策して、山本が苦笑いしたそうですよ。

保阪　そういう案を聞くと、まったく軍政を分かっていない人だったのも無理はない。

半藤　なにせ、この人のスローガンは、「甲乙選びがたいときは、より危険性があっても積極策をとる」ですからね（笑）。真珠湾の時だって、山口が司令官だった「飛龍」と「蒼龍」は、燃料タンクが小さいので、ハワイには連れて行けないと決まっていたのに、「帰りは漂流して帰ってくるから連れて行け」と南雲忠一《なぐもちゆういち》の肩をわしづかみにして無理に同行したそうですから。

保阪　頭が良くて、アメリカ留学をしているのに、大局が見えていないというか、総合的に判断するよりかは、まあ根っからの戦場タイプなんですね。

山本五十六の後継者

半藤　ただ、山口に関してはネガティブな話というのはあまりないんですよ。実際に海軍でこれだけ最後まで勇ましく戦った人も珍しいですよ。勝ち戦ですら逃げてくる人もいるのに。太平洋戦争ではアメリカには、ハルゼイをはじめ、猛将と呼ばれる人がたくさんいますが、日本にはそういう人がほとんどいませんからね。

保阪　ブーゲンビル上空で、山本が撃墜されたときに、アメリカ側では暗号を傍受していて山本の行動を摑んでいたが、「もし、山本が死んでも次に有能なのがいると困るが、そういう人物はいるか」とニミッツが確認したところ、「山口が優秀だがすでにミッドウェー海戦で死んでいる」と部下に聞いてはじめて山本の撃墜を指示したという話が残っています。アメリカ側も山口の優秀さについては一定の評価をしていたようですね。

半藤　戦略観もあって戦機を捉えるのも得意で、決断力があり親分肌で頭がいい。実に良くできている人ではありますね。ミッドウェーでも、索敵機がアメリカ艦隊発見の報を送ってきたとき、「直ちに発進の要ありと認む」と意見具申し、すぐさま急襲することを主張したのに、飛行機が陸装であることを理由に南雲に却下される。そして敵発見から一時間半もモタモタした挙句、空母四隻のうち三隻が大損害をこうむる。しかし、この人のすごかったところはこの後です。大損害を浴びて司令部と連絡が取れなくなると、自分より目上の第八戦隊の阿部弘毅《あべひろあき》司令官に、「我、いまより航空戦の指揮を執る」と信号を打って、残った自分の乗った空母「飛龍」で、敵に突進していく。本来ならハンモック番号

（海兵での成績順）で上の阿部の指揮を仰ぐべきところなんですが、航空戦であれば、戦隊の阿部より自分が指揮を執ったほうがよいということで、命令系統を逆転させるんですね。それを見て、阿部は慌てて援護に回った。アメリカも大きい空母をつぶしたのに、小さい空母がめげずに襲い掛かってくるんですから、肝をつぶしたと思いますよ。

保阪　その結果、敵の空母「ヨークタウン」を撃破してしまいます。

半藤　そう、敗戦のなかでまさに一矢報いたわけです。

保阪　結局、衆寡敵せずで「飛龍」も航行不能になってしまいますが、最後に総員退避を命じて、艦長の加来《かく》止男《とめお》と山口だけが残った。そのときの様子が、部下の文章で実に叙情的に描かれている。二人が実に淡々と運命を受け入れて、自らの船と運命を共にしていく。その後ろの海には月光が映えているという……。ただ、山口の高い評価の裏には、ミッドウェーで船と運命を共にしたということで、やや美談にされてしまっているところがあるように思えるんですが……。

半藤　確かに、負け戦ばかりの太平洋戦争で、彼だけいい話が多いですからね。山本五十六が歌に詠んでいます。「燃え狂ふ炎を浴みて艦橋に立つくせしかわが提督は」と。

保阪　真珠湾でも、ミッドウェーでも即決できなかったと言われる南雲の評価とは対照的です。

半藤　私は、中学生のころに、教科書か副読本で、山口の最期を読まされましたよ。戦後には、山口が三船敏郎、加来艦長が田崎潤で、映画にもなりましたね。二人で羅針盤に体を結びつけて、「戦争のない世の中にしたいもんですなあ」とか言いながら。まあ、そんなのは嘘だと思いますが（笑）、実際の「飛龍」は、総員退艦後もなかなか沈まないんですね。あまりに沈まないんで、曳航してくるという話になって、翌朝に駆逐艦が現場に到着したら姿が消えていたそうです。山口と加来もまさか羅針盤に体を縛ったまま、延々と夜を明かしたとは考えたくないですが。

保阪　アッツ島玉砕の山崎保代《やまざきやすよ》の話もそうですが、あまりに美談として定着してしまうとそこから崩せなくなってしまうんですね。ただ、もし彼が生き残っていたとしたらどうでしたかね？

半藤　加来は艦長なので、船と運命を共にするのは不文律的な伝統ですからまだ理解できるんですが、山口は司令官ですから何もミッドウェーで、死ぬ必要はないんですよね。

保阪　そうすると、山本五十六のようにこれからの戦局に対しての絶望から、死に場所を求めていたのかなあ。山口もミッドウェーが日米決戦の分水嶺だと捕らえていたんでしょうね。

半藤　「飛龍」で、決死の攻撃に出撃する飛行機を見送るとき、「必ず私も後に続くから」と言って送り出したそうですから、あらかじめ死ぬことを決めていたんでしょうね。やはり他にはない決断力があったという点で、一線を画していると思います。

第四章 山下奉文と武藤章

武藤章

山下奉文

昭和天皇に嫌われたわけ

半藤　山下奉文《やましたともゆき》という軍人は、実に人気のある人ですね。たとえば巨杉会《きよさん》という山下を信奉する旧軍人の集まりが今でもありますし、さいたま市には、有志の人が個人的に作られたお墓もあります。その方は、息子さんにも奉文と名を付けているそうですよ。

保阪　山下に人間的な魅力があったことは間違いないんでしょうね。連合軍側であるオーストラリア人のジャーナリストも『〝マレーの虎〟山下奉文』という本を書いているほどですから。山下のように責任を取って軍事裁判で処刑された人物は、軍人としての心情がわかりやすいからかもしれませんね。

半藤　山下というと、避けて通れないのが天皇との関係です。

保阪　天皇が、二・二六事件で皇道派的な動きを見せた山下を嫌っていたという説がありますね。ただ、東條英機《とうじょうひでき》が忖度《そんたく》をして、山下を天皇の前に出さなかったという話もありますが……。とある本の中で、二・二六事件の後に、一度山下が陸軍大臣に擬せられたけれど、天皇の意思で潰れたという話を読みましたが、真実のほどはわかりません。

半藤　そのあたりははっきりとはわからないのですが、「小《お》倉庫次《ぐらくらじ》侍従《じじゅう》日記」には、山下と石原莞爾《いしはらかんじ》の昇進の推薦に天皇が印を押すのを嫌がったという記述があります。石原莞爾は浅原事件が原因のようですが、山下については小倉侍従の推測の範囲を出ていない。日記では「二・二六か」とだけ小倉は書いているんです。理由について天皇は直接口にはしていない。しかし、昭和天皇にとっても二・二六事件というのはずいぶんトラウマになっているようですね。

保阪　富田メモ（宮内庁長官富田《とみた》朝彦《ともひこ》のメモ）でも、昭和五十六年、新庁舎となった警視庁に見学にいったときの記述があるんですが、見学中に突如、口調を変えて「二・二六事件のようなこともあるからね」と言って、警備について尋ねたそうです。

半藤　やはり、二・二六に関しては第一報を、鈴木《すずき》貫太郎《かんたろう》夫人のたかから聞いたというのが大きかったと思いますよ。昭和天皇にとって、鈴木夫人は乳母で、鈴木夫妻はいわば両親のような存在です。その父とも言うべき鈴木が陸軍将校たちに殺されようとしていたと聞いた瞬間に天皇の態度は決まったのだと思います。

保阪　昭和天皇は、どうも第一印象というか、一度、ある視座を持つとなかなかそれを動かさないという傾向があったように思えます。事件発生以来、皇道派憎しに繋がった。それを統制派がうまく利用した節があるんじゃないでしょうか。その一報の後にも、いろいろと情報が入ってきて、青年将校たちの気持ちを汲んでくれと言いに行った侍従武官長の本庄《ほんじょう》繁《しげる》を激しく叱責しています。

半藤　ただ、二・二六事件の際も、山下は明確に皇道派として行動したわけではないんですよ。彼が皇道派と目される理由のひとつに、反乱将校が蹶起趣意書を事件前に、山下に見せていたということがあります。でも、そのときに山下は無言のまま、いいとも悪いとも言わなかった。反乱将校からすれば行動を承認したという解釈なんでしょうけれどね。

保阪　「陸軍大臣告示」の一件もありますよね。二・二六事件直後に、川島義之《かわしまよしゆき》陸軍大臣から、反乱に理解を示すかのような陸軍大臣告示が東京警備司令部から出されます。「蹶《けっ》起《き》の趣旨に就《つい》ては天聴《てんちょう》に達せられあり、諸子《しょし》の行動は国体顕現《けんげん》の至情《しじょう》に基《もと》くものと認《みと》む」という内容で、「行動の真意は天皇に伝わっている」という意味なんですが、青年将校たちは一度聞いただけでは意味がわからない。それで「どういう意味なんだ?」という声が青年将校たちからあがるんですが、山下は、「いいから聞け」と同じ内容を繰り返すんですね。そこに、私は、山下のあいまいな態度というか、政治性を見て取れる気がするんですが、彼は決して青年将校たちの行動に、心から同意していたわけではないと思います。

半藤　青年将校たちからしてみたら同志というか理解者という意識が強かったんでしょう

ね。

保阪　でも、青年将校たちが山下を同志と思うのには伏線があるんですよ。二・二六事件の直前、昭和十年八月に、統制派の永田鉄山《ながたてつざん》を、皇道派の相沢三郎《あいざわさぶろう》が刺殺した相沢事件の際に、山下が事件直後の相沢に包帯を巻いてやったという話がある。その一件が青年将校たちを誤解させたんじゃないかという気がするんです。

半藤　彼の軍歴を見ると、皇道派と目されるようなものは少ないし、皇道派的な主張もそれほど感じないんですが、ただ周囲を見ると皇道派につながる人がけっこう多い。山下自身二・二六まではあまり目立たない人なんです。これは推測の域を出ないんですが、昭和七年に軍事課長になったときの陸相が皇道派の親玉の荒木貞夫《あらきさだお》なんです。それど、荒木の下で軍事課長なんかやる奴は皇道派に違いないと思われたのではないでしょうか。もうひとつは、賢夫人で知られた山下の奥さんが、佐賀出身の永山元彦《ながやまもとひこ》少将の娘なんです。

保阪　佐賀といえば、皇道派の大物リーダー真崎甚三郎《まさきじんざぶろう》と同郷ですね。そういえば昭和五年に山下は、歩兵第三連隊長になるんですが、その時の上官にあたる第一師団長が真崎ですよ。

半藤　もうひとつ、彼は軍事調査部長という職に昭和十年に就いています。その仕事内容というのが面白いんですが、ひとつは広報ですね。

保阪　昭和九年に出ました「陸軍パンフレット」を作ったりした新聞班も、軍事調査部の統括ですね。軍事調査部というと、謀略的な仕事を担っていたという印象がありますが、それはもう少し後になってからですね。

半藤　はい。広報ともうひとつの仕事が、昭和八、九年から出てきた青年将校運動なんかの動向を監視して、補導をするというものなんです。でも、当時は、補導するより相談役という感じだったんじゃないでしょうか。だから、わかりやすく言うと、不良青年を更生させる補導員みたいな仕事をしていたわけです。荒木、真崎の下で働き、真崎と同郷の軍人の娘を奥さんにしていて、青年将校運動の相談役となれば……これは皇道派と目されても仕方ないですね。

保阪　しかし、二・二六事件以降に、皇道派を一掃するために行われた粛軍人事でも予備役には編入されませんでしたね。後にフィリピンで山下のもとで動く「マッカーサー参謀」といわれた堀栄三《ほりえいぞう》の父、堀丈夫《ほりたけお》などは予備役にされますが、山下は朝鮮へ行かされるけど、軍事裁判などで責任を問われることはなかった。

半藤　証拠物件がなかったんでしょう。たとえば堀は、第一師団長ですから直属の部下が関わっているのに、モタモタしていて討伐の意思がなかったという理由でしょうね。

保阪　そもそも、皇道派の中心人物である真崎が、判決文で罪を指摘されながらも無罪になっていますからね。真崎より上のクラスの人間は予備役にされたとしても、真崎より下の山下を裁くのは無理ですよ。

半藤　しかし、粛軍人事と呼ばれる統制派の皇道派排除は徹底していました。上はみんな予備役にされていますし、下も江戸処払《ところばら》いではないけど、東京から百キロ圏内には入れないという徹底振りですからね。

保阪　一見すると、神がかり的な主張の皇道派よりも統制派のほうが理知的な印象を持ってしまいがちですが、皇道派の中には、人が良かったり、人付き合いがよくて皇道派と目されてしまった人もいるんじゃないでしょうか。だから山下の持っていた人間的な包容力が、結果として皇道派と目されてしまったのかもしれませんね。

半藤　いつの時代でも同じで、おおらかな奴は会社で生き残っていられないですよ。狷介《けんかい》な奴ほど出世する（笑）。

保阪　確かに統制派でも残ったのは、人間的な魅力に溢れるタイプより、少し変わった男が多いですね。二・二六事件でも、真っ先に反乱軍の討伐を主張したのが、梅津《うめづ》美治郎《よしじろう》と東條です。彼らは、結果として二・二六を利用して浮かび上がる。だから、粛軍人事によって皇道派の優秀な人物が、まとめて中心から追われた結果、統制派でも筋のよくない人が台頭してきたといえるかもしれませんね。

半藤　この時点で、山下の運命は大きく変わったといえますね。それからは、実に気の毒な外回りの日々が続くわけです。

保阪　二・二六事件以降の山下の動きを見るとほとんど東京というか、日本にいない。朝鮮などの外地に行かされて、昭和十五年七月に、四年ぶりに航空総監として日本に帰ってきたところ、すぐに軍事調査団を率いてドイツへ飛行機の視察を命じられる。視察が終わると、今度は関東軍に行って、太平洋戦争の開戦時には第二十五軍司令官としてマレー半島上陸作戦の指揮を執るように命じられる。このときの大本営が命じた作戦がひどいもので、二月十一日の紀元節までにシンガポールを攻略せよというほぼ不可能なものだったんですね。結果として十五日に陥落しますが。

イエスか、ノーかは嘘？

半藤　どうもそうと決めたのが辻政信《つじまさのぶ》らしいんですが、イギリス軍・インド軍あわせて、少なく見積もっても二十万はいるであろう相手に、四個師団八万人で攻略するわけですから明らかに無茶ですよ。でも、英軍が日本軍をなめていたとか、やる気がなかったとか、海側しか備えがないところを背後から突かれたとかまあ、いろいろと話がありますが、日本軍でも、そろそろ弾丸がなくなるというころに、幸いなことに降伏交渉の話が向こうからやってきた。

保阪　英軍も損害を避けるために、大量に捕虜になったんですね。そこで、山下がシンガポールのフォード工場で英軍の指揮官パーシバルに対して「イエスか、ノーか」と恫喝したというエピソードが有名ですが、どうもこの話には創作の部分があるそうです。

半藤　山下が腕を組んで、パーシバルに問い詰めている、宮本三郎が描いた絵も有名ですね。

保阪　ええ。でも実際には、温和だった山下が敗軍の将に対して高圧的にあたることはなかったようです。

半藤　私は、当時、同席していた参謀の杉田《すぎた》一次《いちじ》氏に聞いたんですが、本当は通訳が下手で何を言っているかわからないので、「パーシバルが降伏するのかを、イエスか、ノーか、はっきり言ってほしい」と尋ねたのが、誤解されて伝わったという話でした。

保阪　その話は私も、杉田さんから聞きました。通訳が台湾の医学生で日本語が達者ではなかったそうですよ。だから、山下が少々苛立ったのはわからないでもない。

半藤　山下は「イエスか、ノーか」の一件が、事実と違って世間に伝わったことを気にしていたようですね。しかし、マレー作戦の功労者となったにもかかわらず、作戦が終わるとすぐに満州に行くように命じられます。本来であれば、東京に帰ってきて、親任式で、天皇に戦況報告をして、お言葉をいただいてから次の赴任地へ行くんですが、東條がこれをさせなかった。

保阪　たしかに、親任式がなかったのは東條の意向でしょうね。

半藤　このときの関東軍総司令官が、梅津美治郎ですね。陸軍中央はおそらく東南アジアの攻略が一段落したあと、次はソ連と一戦構えるつもりで、第一方面軍に山下、第二方面軍に阿南惟幾《あなみこれちか》という、人望があって戦争に強そうな二人をソ満国境線に配置したということもあるんでしょう。

保阪　そうすると、山下の動きで大本営の戦略がどこに重点を置くかが見えてくるわけですね。

半藤　だから、昭和十九年九月、いよいよフィリピンが主戦場ということで、今度は、満州からそのままフィリピンに赴任ということになる。さすがにこのときは、山下も怒って、何があっても天皇陛下にお目通りしてからフィリピンに行くと頑張って、最後にお目通りが叶う。

保阪　その時の資料については、天皇の側には何もないんですね。ですから、今度見つかった「小倉庫次侍従日記」が山下について初めての記述になる。十九年九月ですと、前回、親任式をさせなかった東條は既に予備役ですからね。二・二六から十年近く経って初めて会えたわけですよね。

半藤　「小倉庫次侍従日記」には、九月三十日のところに「陸軍大将山下奉文出征ニ付拝謁とあります。それまで軍司令官が大元帥に会えなかったという事態は考えてみれば異常なことですよ。ただし謁見は九時三十分から四十五分までですが、それでも山下は感涙にむせんだと思いますよ。天皇の軍隊の大将として尽くしながら、天皇に会えない。それがやっと会えたわけですから。

保阪　確かにフィリピンに行ってからの山下の働きには、期待に応えるような奮戦振りが見られますね。フィリピンでも、レイテ島でも、長期的なプログラムを作成して徹底的に抵抗しようとする。

半藤　まあ、山下の前任者の黒田重徳《くろだしげのり》という人がまた、どうにもダメな人で、ダンスやゴルフ、酒を飲んで遊んでばっかりで何の防備もしていなかった。それを見た山下が全部やりなおした。

保阪　なんでも、山下が来たときには司令部の中の金庫の極秘資料が抜かれていたって話を堀栄三さんから聞いたことがありますよ。

半藤　黒田なんか、一番いいときに太平楽をきめこんで中将まで出世して、戦局が悪くなってきたら予備役に入って、悪戦苦闘とは無関係なんだから。やっぱり山下みたいな働き者は損をするんだね（笑）。

保阪　山下には、日本軍が大勝したという台湾沖航空戦の戦果には偽りがあると堀栄三から聞いて、祝宴を中止したという話があります。だから部下に対してもよく説明をさせて、状況を把握して理解した上で、決断を下すという人だったようです。何も聞かずに、ただ御輿に乗っているというタイプではなかった。

半藤　台湾沖航空戦のときには、私は向島に住んでいたんです。提灯行列で「勝った勝った」とお祝いしたのを覚えていますよ。それで次は比島決戦だからここで敵を追い落とすと、当時の小磯國昭《こいそくにあき》首相が演説していました。大本営が、もともとルソンでの決戦を予定していたのに、変更してレイテ島決戦をやると言い出したときも、山下は堀の報告から相手の航空兵力が何の損害も受けていないのに決戦場をレイテに移すのは大間違いである、予定通りルソン島での決戦をと主張するんですが、南方軍総司令官の寺内寿一《てらうちひさいち》元帥が、大本営の命令だからとつっぱねてしまう。そこをなおも食い下がる山下に対し、寺内が「元帥は命令する」と言ったんで山下は仕方なくあきらめたという有名な話がある。大将と元帥では元帥のほうが上ですから、こう命令されたらもう何も言えない。このときに、情報参謀の堀栄三は大本営に台湾沖航空戦での敵航空勢力の損害が軽微であるという情報を送るんですが、それを参謀本部作戦課の瀬島龍三《せじまりゅうぞう》が握りつぶしているんですね。

保阪　戦後のことですが、瀬島さんがこの件で堀さんに頭を下げたという話を堀さんから直接聞きましたよ。もっとも、瀬島さんは「それは堀君の記憶違いだ」と否定しますけど。

半藤　いずれにせよ、堀さんが大本営に打った電報を、誰も受け取っていないはずけないわけで、それが本当だとしたら大問題ですよ。

保阪　その結果、兵員の輸送中に何万人も死んでいるわけですから……。ずいぶんな話ですよ。瀬島さんの一件には、そういう大本営の戦略、戦術の杜撰《ずさん》さを下に押し付けるといういびつな構造がよく出ています。

半藤　昔から言うように、勇士の勇敢敢闘は作戦のまずさを補うことはできない。作戦がいくら巧緻《こうち》でも大本営の戦略の失敗を補うことは誰にもできないんです。

保阪　その杜撰な作戦の結果、兵力を大幅に削られたルソン島では、自活自戦と呼ばれる補給なしの持久戦に入って、実に悲惨な状況となります。

半藤　そのまま山下も終戦までフィリピンで抵抗して終戦後の九月三日に投降して、現地で裁判にかけられます。

保阪　この裁判で、山下が命令したことではないし、山下自身も知らなかったようだが、フィリピンでの残虐行為が問われて、「自分はまったく知らなかったが責任を取る」と言ったそうです。

半藤　このときの山下は、ものすごく立派で泰然自若とした実にいい写真が残っている。その姿を見た連合軍側にも、山下のシンパができたそうです。

保阪　阿南や今村均《いまむらひとし》なんかもそうですが、愚昧な将軍たちとは違って、延々と部下に語り継がれる人には、そういった性格や気質があって今でも人気があるんでしょうね。

有能官吏ゆえの悲劇

半藤　死んでしまってはどうにもならないですよ。生きているうちならともかく、死んでしまってから誉められても当人にとってうれしくもないでしょうね。このとき、フィリピンで死刑になった山下に、事後を託されたのが参謀長だった武藤章《むとうあきら》です。武藤は、山下とは全くタイプが違うのに、なぜか山下とはウマがあったそうです。武藤は、その無愛想と傲慢不遜ぶりから、「武藤《ムトウ》じゃなくて無徳《ムトク》だ」なんて言われていますが、おそらく気の毒なくらい孤高の人だったと思うんですよ。情に流されたりということのない人なんですね。でも家族思い。栗林忠道《くりばやしただみち》以上の愛妻家ですよ（笑）。

保阪　澤地久枝さんが、武藤の奥さんから資料を預って書いたのが『暗い暦』。このなかで、公園で遊んでいる娘が、帰りたくないといったら最後まで付き合ったとか、中国からお土産を買って帰ってきたりと、実に子どもをよくかわいがったそうですね。ただ、部下がわかっていないことを言うとピシャリと「馬鹿言うな」というのが口癖だったそうですけど。

半藤　頭はいいけど、それでは敵も増えますよ（笑）。だから、武藤についてはあまり良く言う人はいないのに、唯一の擁護者と言えるのが保阪さんですね（笑）。

保阪　彼は、東京裁判で、A級戦犯として裁かれ、中将で唯一死刑になったことで知られています。確かに彼に敵が多かったのは事実ですが、私は人間的に時代と折り合いをつけるのが下手だったように思えるんですね。読書好きで、官僚とも政治家とも話ができるという武藤は、永田鉄山と同じように陸軍のエリートのなかでも珍しい存在ですね。

半藤　陸軍が政治的進出をする際の窓口を全部作ってきた人です。

保阪　だから彼が軍務局長のときの肩書きを見ると、武藤がいかに力を持っていたかがわかります。ザッと並べると、軍事参議院幹事長、企画院参与、対満事務局参与、内閣情報部委員、国家総動員審議会幹事、電気通信委員会臨時委員、拓務省拓務局参与、陸軍省所管事務政府委員、大東亜建設審議会幹事会、大本営政府連絡会議の事務方と実に、政治のありとあらゆる領域に口を挟んでいる。まあ、それだけ一局長の権限が肥大化してしまったということにもなるわけですが……。

半藤　いやはや、すごい量ですね（笑）。だから、優秀なテクノクラートであったことは確かなんですよ。

保阪　太平洋戦争開戦までは軍政畑で、二・二六事件のころは軍務局員として人事に関わったため、統制派のリーダーである永田鉄山の手下と目され、皇道派の青年将校から名指しで批判されます。でも、本人としてはテクノクラートとして、大権を私議してはならない、下僚が国家をうんぬんしてはいけないという視点から動いていただけなんですね。

半藤　昭和九年に歩兵第一連隊付になりますが、このころは青年将校運動が盛んな時期です。でも武藤は「本来の任務に精進せよ」と運動を抑えきっている。

保阪　その点も評価できると思うんですよ。でも、青年将校からはうらまれ役になる。

半藤　実は私も武藤はとても面白い人物だと思うんですが、ただ、彼のやったことをひとつひとつ見ていくと、誤解される要素は多いですよ。たとえば、日中戦争の際に、中国への戦争不拡大派だった上官の作戦部長の石原莞爾に対して、中国一撃論だった武藤が、「あなたたちが満州事変でやったことと同じことをやっているだけです」と言い放って、戦線拡大のきっかけを作っています。これはとても責任が重い。

保阪　確かに、当時、武藤は拡大派なんですが、昭和十三年ごろ、中国を視察した武藤はその誤りに気づいたことを、部下の石井秋穂《いしいあきほ》に言っているんですよ。でも、すでにどうにもならなくなっているんですよね。誤りを認めながら、実際に何か行動に出るわけではなかった。

半藤　もうひとつは、太平洋戦争開戦前に、軍務局長として和平に尽力しているんですが、最終的に東條に押し切られた。でも、武藤ならもっと頑張って、和平への道を模索できたのではないか。

保阪　昭和十六年の日米交渉では、主務担当者ですが、そのプロセスを見ていると、天皇の意思を汲んでなんとか妥協を目指そうとしているのが、よく伝わってきます。しかし、その上の東條とは発想や執務の姿勢が異なっている。

半藤　作戦部長の田中新一《たなかしんいち》なんかが確信犯的に対米戦争に走ろうとするのを実に良く抑える。でも、結果に結びつかず、最後にパッと諦めてしまう。力がありながらそれを出し切れなかった。

保阪　職を辞してでも戦争を回避しようというところまではいかない。昭和十年代における日本陸軍とよく似ていて、彼の中にも人間的な強さと弱さが共存しているように思えますね。

半藤　この後に、東條に嫌われて近衛第二師団長としてスマトラに行きますね。

保阪　このときも、東條はひどくて、満州視察から帰ってきた立川の飛行場で、スマトラ行きを伝えさせているんですよ。武藤の内心の怒りはよくわかります。

半藤　しかし、スマトラへ行ってからは、なかなかどうして、それまでずっと事務官僚だったとは思えないほど優秀な軍人なんですな。昭和十八年ごろに「この戦争はもう負けだ」「でも、スマトラだけは負けない」と言ったという。それで、徹底的に将兵を訓練したそうです。

山下・武藤の名コンビ

保阪　じつは、軍政より山下のように外回りしていたほうがよかったのかもしれませんね(笑)。

半藤　そうしたらものすごい将軍になっていたのかもしれませんね。それで、スマトラのあとに着任するのがフィリピンの第十四方面軍司令官の山下の参謀長なんですよ。この二人は、とても面白いコンビですよ。ものすごく緻密な武藤と、人間的におおらかな山下。歩んできた道も対照的。

保阪　この二人は、組み合わせが良かったんでしょうね。役割分担からすると、山下は実質的には武藤にかなり権限を与えていたと思います。

半藤　山下のことだから、「君は僕より優秀だから任せるよ」という感じだったんでしょうね。武藤と山下の関係が良くわかるエピソードがあって、山下は、どこに赴任しても、机を常に東京、つまり天皇陛下のほうへ正面に向くように置かせた。比島の山の中でもそうだった。そこで、山下は毎日ハエたたきで、パチーン、パチーンとハエをたたくのが日課だったそうですが、それを見て武藤が詠んだ句が「老将の蠅叩きをり卓一つ」。

保阪　それで、その句を聞いた山下が「老将とは誰のことだ？」と聞くと……。

半藤　武藤が「閣下のことです」と答えたという（笑）。それに山下が「俺はじじいじゃないぞ」と応じたそうです。こういう冗談が言えるというのは非常に仲も良かったんでしょうね。

保阪　歳は七つ違いですか。タイプが違うほうがコンビはうまく行くんですね。

半藤　かつての皇道派と統制派だった二人が、これだけの名コンビになったというのはなんとも不思議で面白い話です。終戦直後に、山下が残虐行為で裁判に掛けられたときも、武藤が中心になって山下の無実を明らかにするために裁判資料として伝記を作ったそうです。でも、山下に事後を頼まれた武藤も、A級戦犯として東京へ呼ばれてしまう。

保阪　ただ、このときに武藤は部下の将校に、責任を全部上に押し付けるな、知らないことは機密だと言って何も言うな、自分たちで責任をとれ、と言い残したという将校の証言があります。これは明らかに責任逃れです。だから、私も全面的に武藤を認めるつもりはないんです。これが、テクノクラートとして、無茶な作戦を立てた大本営への恨み節なのかどうかはわかりませんが……。

半藤　彼がA級戦犯として裁かれたのは、太平洋戦争の開戦時、軍務局長であったからという説がありますが、彼が戦争回避のために動いていたことはアメリカもよくわかっていたはずですよね。

保阪　やはり、フィリピンでの残虐行為の責任を問われてでしょう。

半藤　本来ならばフィリピンの責任者は山下ですが、既にBC級戦犯として処刑されていますからその下の武藤が責任を取らされたのかもしれません。

保阪　たしかに、A級戦犯を見てみると、東條と広田弘毅《ひろたこうき》以外に共通しているのは残虐行為への責任についてですね。

半藤　だから、貧乏くじをひかされたようなものですよ。

保阪　そういえば、田中隆吉《たなかりゅうきち》が「これで東條さんも英雄だ」と太平洋戦争開戦時に武藤がゴマをすったという話をしていますが、本当は、田中自身が言ったことだと武藤が日記に書いています。この田中が、武藤について不利な証言をしたことで死刑になったという話もあります。

半藤　武藤の死刑に一番驚いたのが東條だったそうですね。判決が終わると、死刑の人と死刑でない人がそれぞれ別の部屋に入れられ、全部終わるまで待機していたんですが、判決はアルファベット順なんで、先にMの武藤が判決を受けて、Tの東條が一番最後だった。東條は自分が死刑だとわかっていたんですが、死刑と決まった人の部屋に武藤の姿を見つけて「武藤君、なんで君が居る」と言ったそうです。

保阪　それで「ああ、君には悪いことをした」と頭を下げたんですね。

半藤　おそらく、東條は武藤が開戦の責任を問われて死刑になったと思ったんでしょうね。

保阪　ただ、海軍の場合は全部死刑を免れているんですよね。そのときの武藤の日記に、死刑にならなかった人の部屋から、嶋田繁太郎《しまだしげたろう》大将のうれしそうな高笑いが聞こえてくるという記述がある。これは武藤もそうとう頭に来たんじゃないでしょうか。自分はたかだか軍務局長。でも、嶋田は大臣まで務めた人間なのに、死刑にならずに喜んでいる。そこに武藤という人の悲劇性というか、実際に彼が考えていたことと、表に出た行動に差異があったという気がしてならないんですよ。

半藤　彼の辞世の句が「霜の夜を思ひ切ったる門出かな」。これも運命と思い切るところがあったのでしょう。最後には自分が責任をとるという心構えが出来ていたんだと思うんですよ。武藤は読書家らしく、日記にしてもいい文章を書いていますね。

保阪　武藤の下にいた石井秋穂さんが、大本営政府連絡会議の起案を書いていたときに、本来の上司の佐藤賢了《さとうけんりょう》ではなく、武藤のところへ見せに行ったそうですよ。そうすると武藤が外務省の人間が読んでもわかるように書き直してくれたそうです。開戦前の昭和十六年の七月二日の御前会議の起案も「対英米戦を辞せざる覚悟のもとに」という文章を、「決意のもとに」と変えている。こういうあいまいな文章を書かせると上手なんですね。これは、武藤そのもののあいまいさの表れでもあるんですが。石井さんによればこういう文章を書くと一番うまかった者が大本営の作戦参謀に集まったことに反省の余地があるという言い方もしていましたね。

半藤　漢詩をうまく作った長岡藩の河井継之助《かわいつぐのすけ》もそうですが、武藤にしろ、本間雅晴《ほんままさはる》にしろ、栗林忠道にしろ、詩情を解する軍人はみな己の美学を大事にして死んでいく気がしますね。だから文学好きの軍人というのは、本当のところは、考えものなのかもしれませんよ。

第五章

伊藤整一と小沢治三郎

小沢治三郎

伊藤整一

「大和」と心中した男

半藤　伊藤整一《いとうせいいち》というと、戦艦「大和」特攻の最後の司令長官というイメージが強いですね。だから、伊藤について書かれたものは、吉田満《よしだみつる》さんの『提督伊藤整一の生涯』をはじめとして、みんな「戦艦大和」一色なんですよ。特に語られるのが、最後に大和が沈むときに「有為な人材を殺すことはない」と総員退艦を命じるというエピソードです。

保阪　しかし、実際に彼が現場にいたのは、それほど長くないでしょう。

半藤　経歴ではむしろ軍令部次長が長い。昭和十六年九月から、昭和十九年十二月までですから、太平洋戦争開戦時からずっと作戦・指揮について立案の中枢にいたわけです。

保阪　伊藤と言うと、私は戦艦「大和」よりも、まず開戦のエピソードを思い出します。

半藤　開戦直前の昭和十六年十一月二十九日の大本営政府連絡会議での話ですね。

保阪　このときに、太平洋戦争の開戦に向けて最終確認がなされますが、外務大臣の東郷《とうごう》茂徳《しげのり》が開戦する日時と攻撃地域を教えてほしいと軍令部側に訊ねると、伊藤に「軍令に口を挟むとは何事だ。しかし、教えてやろう」というようなことを言われる。その言い方が私はとてもひっかかるんです。東郷としては戦争をするにしても直前までは偽装外交をしないといけないので聞くのは当然です。この伊藤の姿勢に、海軍軍令部が持つ傲慢さが垣間見える。

半藤　たしかに、このときの伊藤は、「大和」でのイメージとは違って、やや傲慢さが感じられますね。

保阪　しかし、なぜ、伊藤が次長になったのかは正直なところよくわからないですよね。

半藤　このとき、作戦を指揮する最高責任者である軍令部総長は永野修身《ながのおさみ》です。でも総長なんて半分はお飾りですから、次長が負う責務はとても大きかったはず。しかし、こう言っては何ですが、伊藤が、その任をこなせる人材だったとは思えませんね。不思議なのは、伊藤に限らず、開戦直前になって作戦系統の経験が少ない人が中央に来るんですね。

保阪　彼の前後の期には、なかなか錚々たる人材が揃っている。作戦の立案などは、自分の意見を持っていて先見の明がある小沢治三郎《おざわじさぶろう》などの方がむしろ伊藤より適任と思われます。伊藤が次長になった決め手として、当時の軍令部総長だった永野の強い要望があったようです。永野は、もともと山本五十六《やまもといそろく》を高く評価していたんですが、山本のほうが永野のことを嫌って逃げ回っていた。だから、山本のエピゴーネンというか、山本五十六に通じるような人間を身近に置きたかったのかもしれません。

半藤　伊藤の経歴を見ると、山本五十六とのかかわりを強く感じますね。たとえば、伊藤の海軍大学校時代の教官が山本で、霞ヶ浦航空隊に配属になると、山本は航空隊副長をしている。その後、伊藤がアメリカに駐在武官として配属されたときも上司は山本。山本が海軍次官になると伊藤は人事局長に抜擢されている。

保阪　普通なら、軍令部次長の人事も山本が推したのかなという流れですよね。

半藤　永野は海軍兵学校校長時代に、ダルトン・プランという一種の自習制度にもとづいた教育方法をアメリカから周囲の反対を押し切って導入しますが、そのとき下にいた伊藤は、反対せずに素直に受け入れている。推測するに、永野としては、その時の記憶があって、伊藤はおとなしくて便利な男だからと山本に交渉して連合艦隊参謀長から軍令部次長に据えたのではないか。

保阪　反対のあるプランでも、上の方針に従ってしっかりと普及させていくあたり、実にテクノクラート的ですね。伊藤のいた人事・教育畑というのは、海軍の中でもとくにテクノクラート的なんです。だから、本来であれば伊藤も軍政の方面に進むはずだった。

半藤　実は、山本には永野の申し出を断りにくい理由が一つあった。開戦前に軍令部が、山本の下につける参謀長を宇垣纏《うがきまとめ》にしようとした際に、山本が「宇垣は日独伊三国同盟に賛成した」という理由で大反対をして、かわりに伊藤が参謀長になったという経緯がある。四ヶ月後、今度は、永野が伊藤を軍令部次長にほしがったときには、さすがに山本も反対できなかった。二度目ですからね。それで仕方なく伊藤の軍令部次長就任を承認したんです。しかし、その伊藤の後任の参謀長として来たのがけっきょく宇垣纏（笑）。だから、開戦直前になって司令長官と参謀長は口もきかないほどの間柄という妙な人事構成になった。

保阪　開戦直前、海軍内部では石油枯渇などを理由に、対米早期開戦の流れが出来ていく。おそらく、突き上げたのは軍令部畑の富岡定俊《とみおかさだとし》、福留繁《ふくとめしげる》、神重徳《かみしげのり》あたりでしょう。このとき、とかく永野ばかりが主戦派に引きずられたと問題にされていますが、次長だった伊藤にも、同じように責任があると思います。

半藤　山本率いる連合艦隊としては、最悪、対米戦をやるのであれば、機動部隊による真珠湾攻撃しか方法はないと主張します。しかし、戦艦を主力とする旧来の決戦を想定していた軍令部は大反対する。そこで、山本は腹心の黒島亀人《くろしまかめと》に軍令部を説得させようとするんですが、このときの軍令部側の交渉責任者が伊藤なんですね。結局、伊藤では埒があかない。最終的に、軍令部のトップである永野と黒島が直接会って、永野は山本がそんなに自信があるならやらせてみようと真珠湾攻撃が決定する。

保阪　このときは、永野も伊藤もかなり下僚に突き上げられたようですね。連合艦隊側の参謀たちも「山本」の威光を利用して徹底的に押しまくりますし……。

半藤　そうでしょうね。でも、軍令部の部下で、伊藤のことをわるく言う人は、あまりいなかったそうです。つまり、仕えやすい上司だった。アメリカ駐在武官だった横山一郎《よこやまいちろう》さんは、開戦後の昭和十七年八月に交換船で日本に戻ってくるんですが、帰国してすぐ伊藤に呼ばれて、アメリカの状況を聞かれたそうです。そのときに、横山さんは「この戦争は勝てません」と伊藤にはっきり言ったんですが、普通なら「何を言っているか」という話になるところを、伊藤は黙って聞くと「うん、そういう見方が正しいのかね」と言ったそうです。

保阪　伊藤は、黙って横山さんの話を聞くと「もういい、行け」と言ったという説もありますね。伊藤自身、在米武官としてアメリカに行ってますし、英語にも堪能な知米派のはずですが、彼の対アメリカ観や、開戦に踏み切るまでのプロセスに対しての彼自身の意見は、あまり見えてきませんね。また、戦争中も作戦に対しての明確な意思表示が感じられない。本当なら軍令部次長時代には責任を取らないといけない失敗がたくさんあると思いますよ。たとえば、陸海軍の中央協定は、彼は実際に陸軍との折衝の現場にいたはずですから。

名将と愚将の差

半藤　真珠湾攻撃こそ成功しましたが、ミッドウェー海戦だって、ガダルカナルも、「あ」号作戦も、レイテ沖海戦も、作戦の根幹の部分は、彼が全部承認しているはずですからね。だから終わり良ければすべて良しで、彼が名将と呼べるのはやはり「大和」での出処進退が見事だったという点につきる。若い人を助けて、自分だけ死んだことによってすべてチャラになってしまった。

保阪　軍人は、死ぬことで責任を取れるんですね。これはこれでひとつの考え方です。

半藤　海軍と陸軍の違いだと思うんですが、海軍中央や参謀では作戦に従事した人間には第一線に出して死に場所を与えるんですよ。

保阪　海軍内部にはそういう死に場所を与えるような暗黙の了解があったんでしょうか。

半藤　あったと思いますよ。永野修身のようなトップではそういうケースはないですが、南雲忠一《なぐもちゅういち》だって最後はサイパン島守備の長官で戦死しています。

保阪　となれば、そこは、陸軍と違うところですね。陸軍の将校のなかには軍中央にいて一度も前線に出ずに終戦という人がいますから。

半藤　伊藤も、レイテ沖海戦のあとに第二艦隊司令長官になったときは、自分の死に場所をもらったという気持ちになったはずです。彼が「大和」で出撃するときの家族へあてた手紙にもそれは現れていて、たとえば「私はいま可愛いあなたたちのことを思っております。そうしてあなたたちのお父さんはお国のために立派な働きをしたと言われるようになりたいと考えております。もう手紙は書けないかもしれませんが、大きくなったらお母さんのような婦人におなりなさい。というのが私の最後の教訓です。御身大切に。父より」とある。娘さんに宛てたものです。

保阪　彼は愛妻家だったともいうし、そういうところが日本人的で評価されているんでしょうね。

半藤　ちょうど伊藤が第二艦隊司令長官になったころ、沖縄戦を前に、「大和」をどうするのかという問題が持ち上がります。こんな馬鹿でかい艦を何のために作ったのか。これを賠償金がわりに取り上げられるのは海軍としてもみっともないのではないかという意見が出てくる。そこで、本土決戦に備えて陸に揚げて砲台の代わりにしたほうがいいという話まで出てくる。

保阪　そこで、軍令部にいた強硬派の神重徳が出てきて、沖縄に出すことを主張するんですね。

半藤　これっぽっちも成功の算がないのに「大和」の出撃が決まる。伊藤には、電話や無線で伝えるわけにはいかないので、当時、九州の基地に出張していて、伊藤のいる徳山沖に近かった連合艦隊参謀長の草鹿《くさか》龍之介《りゅうのすけ》が軍令部の命令を伝えに行くことになった。私はこのときのことを草鹿さんに直接聞いたことがあるんですが、草鹿さん自身も当初この話を聞いたときに大反対したようです。連合艦隊司令長官だった豊田《とよだ》副武《そえむ》さんに聞いたときも、自分は渋ったんだというようなことを言っていました。しかし、命令はひっくり返らなかった。

保阪　しかし、伊藤も「大和」の出撃には当初は「無謀ではないか」と反対しますよね。

半藤　ええ。命令する草鹿のほうも承服しかねているから、なかなか説得できない。それで最後に草鹿が、有名な「一億総特攻の魁《さきがけ》となっていただきたい」という台詞を言うと、「わかった。作戦の成否はどうでもいいということなんだな」と伊藤は実に穏やかな顔をして承諾したそうです。

保阪　最終的には淡々と受け入れたというのが、また彼の性質をよくあらわしているといわれるのですが、この点も日本的だと思う。

半藤　このときに伊藤さんが一つだけ条件をつける。それが「作戦がいよいよ遂行できなくなったときは、その後の判断は私に任せてほしい」。草鹿はこれをやむを得ないとして認めますが、これが後になって生きてくる。

保阪　しかし、本来であれば、草鹿は、命令を伝えるだけの役割ですから、本当は軍令部に確認しないとそんな返事はできないはずですよね。

半藤　だから、二人の間の暗黙の了解みたいなものです。それで、この話し合いをしたのが、瀬戸内海の徳山沖で、「大和」の上、朝のコーヒーを飲みながらですから、まあ絵になるわけです。

保阪　これはどの記述を読んでも、実に情景が浮かんでくるシーンなんですよ。

半藤　そのときに同席していた連合艦隊参謀の三上作夫《みかみさくお》は、自分も同乗させてくれと言ったそうですが、伊藤は「ほかのものの手は借りたくない」と拒否するんですね。これはもう自分たちだけで始末をつけるという決意の表れですよ。

保阪　護衛の役に立たない船ばかり十隻で、敵の制空権内へ突っ込むわけですから、伊藤もいよいよ最期だと思ったでしょう。たぶん、このときに、伊藤の心中には開戦の責任が自分にあるという気持ちもあったのかもしれません。

半藤　伊藤は教育畑が長かっただけに、出処進退については潔いところがあったんでしょう。けれど結局は九州坊ノ岬沖で、何百機という米艦上機の攻撃で「大和」が沈み始める。このとき、既に同行した「矢矧《やはぎ》」「浜風」は沈み、そのほかも航行不能などで、海上に残っていたのが「大和」と駆逐艦四隻。この時点で、伊藤が「作戦中止」命令を出す。そして、自分は長官室に入って内側から鍵をかけてそれきり姿を消したという……。

保阪　このエピソードが、また後世の伊藤の評価を高からしめているわけですね。

半藤　この「作戦中止」命令が出されなければ、残りの艦は「大和」が沈んだ後も沖縄へいかなければならなかった。そうなれば「大和」の乗組員だけでなく残りの艦も全員戦死していたはずで、あの吉田満の『戦艦大和ノ最期』も生まれていなかったかもしれない。「作戦中止」の段階で駆逐艦の四隻が海の上の生き残りをどんどん拾い上げて、佐世保に帰ってきた。ちなみに、呉の大和ミュージアムに問い合わせたところ、「大和」の乗組員は三千三百三十二人、そのうち戦死者が三千五十六人。したがって生存者は二百七十六名。その他、沈没した「矢矧」などの乗組員が三千八百九十人で、戦死者が九百八十一人。

保阪　すると、伊藤の「作戦中止」命令のおかげで、三千人以上が助かった計算になる。よく「大和特攻」と言われますが、「中止」命令が出たので、厳密には「特攻」ではないんですね。だから、亡くなられた人たちは、特攻ではないので、二階級特進にならずに通常の戦死扱いなので一階級昇進になる。でも、そのことによって助かった人もたくさんいたわけです。伊藤が最期のところで見せた人間性ですね。

半藤　だから、草鹿から命令を受けたときに、伊藤はすでにこういう事態を想定して、確認を取っていたわけです。

保阪　もし、「大和」の一件がなければ伊藤はどういう評価になっていたかわかりません。愚将と名将の差は紙一重です。

酒好きでけんか好き

保阪　今回とりあげるもう一人、小沢治三郎は、最後の連合艦隊司令長官ですが、対照的に生き残った。彼は早くに軍令部総長になってしかるべきだったという意見もあるようですが……。彼の発言で「開戦の責任は俺にはない。しかし、敗戦の責任は自分にある」というのは至言だと思いますね。私がこの軍人に興味を持つのはその点なんです。

半藤　終戦後に、海軍でも腹を切った人が出たんですね。それを見た小沢は若手を集めて「君たちは死ぬ必要はない。みんな死んだら誰が国を再建するんだ」と言ったそうです。当時、小沢の下で参謀だった千早正隆《ちはやまさたか》さんは、そうは言っても小沢は死ぬんじゃないかと思って、直接会いに行った。その時に小沢は「自分に開戦の責任はない。ただただ、全力を挙げて戦った。しかし敗戦の責任が私にはある。だから、国民に対して申し訳ないという気持ちはあるが、死ぬほどのことはない。だから、私は生き残る」と言ったそうです。これはこれで小沢らしい決意の仕方だと思います。

保阪　これは、ある意味強い意志を感じさせますね。これは彼の海軍軍人としての生き方と同時に海軍そのものについても語っていると思いますよ。つまり、開戦の責任については、彼も言いたいことがあったと。

半藤　おそらく、海軍はアメリカと戦争しても勝てるわけがないとわかっていた。それなのに、なぜ対米戦に踏み切ったのかと暗に批判しているわけです。実際、太平洋戦争を引っ張ったのは陸軍ではなく、南部仏印進駐など戦争の道を進めた海軍ですから。

保阪　確かに陸軍はそれに引きずられて行った面もある。

半藤　そのせいで、自分も翻弄されたという思いがある。事実、一生懸命戦ったとの言葉通り、小沢はつねに前線で戦っています。

保阪　彼の作戦には、後世いろいろな批判もありますが、陸軍とも交流が深くて、南方作戦のときにも、山下奉文《やましたともゆき》や今村均《いまむらひとし》といった連中とも、協調してやれるだけの器量があったようですね。小沢の場合、司令官として前線で戦いつづけたからこそ見えてくる人生観や、歴史観が、実にたくさんあるんじゃないでしょうか？

半藤　陸軍のなかでも、たとえば山下奉文軍の参謀だった朝枝繁春《あさえだしげはる》さんは、「小沢さんは神様だ」ととても尊敬していました。小沢はもともと水雷畑なんですが、それまで従属的な役割であった空母を集めて集中的に利用するという機動部隊を生み出したわけです。そういう意味では独創的な発想の持ち主。参謀がいなくても作戦が立てられるというとても珍しい人だったそうです。ただ、発想は豊かなんですが、ちょっと一人よがりのようなところはあったのかもしれません。

保阪　しかし、政治的なところはいっさいないですし、狷介なところもないですね。豪放磊落で、面白いエピソードもたくさんありますし。

半藤　一番有名なのは大酒飲みという点ですね。アルコール中毒だったそうです（笑）。

保阪　南方作戦の際、命令書を読むときに手が震えていて、そうとう緊張していたという話があるんですが、実際には、アル中が原因で手が震えていた（笑）。

半藤　彼は緊張して手が震えるなんてことはないでしょう。どうでもいい話ですが、宴席で酒が入るとかならず腰を振りながら歌ったそうです。歌う歌も決まって『上海の花売り娘』『支那の夜』『酋長の娘』。巨漢な上に、あのごつい顔でやるんだから、見ている人もそうとうおもしろかったでしょうね。マレー半島上陸作戦の最後の打ち合わせのときにも、酔っ払って「♪わたしのラバさん〜」てな調子でやったものだから、山下奉文も仰天したそうですよ。

保阪　海軍のなかには、「自分たちは違う」という独特の特権意識を持っていて、その結果、陸軍とうまくいかなかった人もたくさんいますが、小沢には、そういうところはまったくなくて、辻政信《つじまさのぶ》なんかにも臆するところなく話しかけていたそうですね。

半藤　彼が海軍に入るまでの経歴もずいぶん変わっているんですよね。

保阪　もともと宮崎の出身で旧制宮崎中学に入るんですが、柔道がめっぽう強くて、やくざに勝ったとかいう逸話もあるそうです。でも、けんかばかりしていたので、放校になってしまった。それで東京に出てきて、今度は成城中学に入る。

半藤　そのあとに、鹿児島の第七高等学校に入る。これは珍しいですよ。でも、ここも中退してしまう。

保阪　小沢の兄も海軍軍人で、放校になったときに、手紙で諄々と「けんかばかりしているとためにならない」と諭されて、それで海軍兵学校に入った。まあ、兵学校時代もけんかはしていたようですが、鉄拳制裁に反対するなど、実に骨のある人物だったようですね。

半藤　当時は当たり前のように上級生が下級生を殴ってましたからね。そういえば、伊藤整一も鉄拳制裁をやめさせたそうですよ。

保阪　吉田満の『大和』にも、鉄拳制裁の描写がありましたね。皇族が来るときだけやめさせたりしたそうですよ。

半藤　陸軍はビンタで、海軍は拳固なんです。映画の『硫黄島からの手紙』では、陸軍の将校が拳固で殴ってましたが、あれは誤りなんです。海軍の場合、拳固で殴るから目を回したり、立ち上がれなくなったりする。その上、精神棒で尻をぶん殴るでしょう。

保阪　海軍の人に聞くと、鉄拳制裁の話はみんな当たり前だと思っているから、特別に聞かない限りは、その話はしませんでしたが、こちらが「痛かったでしょう」と訊ねると、みな「痛かったなんてもんじゃない」と言いだします。シベリアに抑留された人の中には、シベリア抑留よりも鉄拳制裁のほうが辛かった人もいるようで、ふだんは冷静なんですが、鉄拳制裁の話になると、顔色がさっと変わるという元学徒兵にも会ったことがあります。

半藤　小沢の若いときのエピソードを聞く限りでは、むしろ小沢は殴る方の人間のような気もしますが……（笑）。

斬新な作戦立案

保阪　顔もごつくて、けんかもつよいですからね。しかし、頭は柔軟だったようで、海軍大学校を卒業するまでは水雷畑で、水雷学校長まで務めるほど、水雷のエキスパートだったんですが、いち早く航空戦の重要性に気づいて、昭和十四年十一月には第一航空戦隊司令官に就任します。それからずっと現場です。だから、小沢の経歴を追うことで、太平洋戦争が見えてくると言っても過言ではない。

半藤　太平洋戦争というと、真珠湾ばかりが言われますが、同時にマレー上陸作戦も行われていて、こちらは、空母をみんな真珠湾にとられてしまって寄せ集めの南遣艦隊が上陸船団の護衛の任についたんです。イギリスは、「プリンス・オブ・ウェールズ」と「レパルス」という最新鋭の戦艦に、空母一隻ですから、それでよく成功したと思いますよ。その後のことを考えれば、むしろ南方が重要なわけですからね。

保阪　このとき、小沢は南遣艦隊長官として、山下に協力してマレー作戦を成功させています。陸海軍が協力してうまくいった珍しい例ですね。

半藤　その後、小沢が本来得意である機動部隊を指揮することになるのは、敗色が濃くなりつつある昭和十九年三月のことです。もし、小沢がもっと早く機動部隊の長官になっていれば、違う戦い方をしていたと思うんですが、これが海軍のハンモック番号人事（成績順人事）の弊害で、航空戦の知識のない南雲忠一のほうが小沢より一期上だった。だから、小沢は戦隊司令官になれても、昭和十六年の時点では機動艦隊司令長官にはなれなかった。

保阪　機動艦隊長官になって初めて担当した昭和十九年六月の「あ」号作戦（マリアナ沖海戦）では、アウトレンジ戦法と呼ばれる、航続距離の長さを生かして、敵の射程外から一方的に攻撃を仕掛けるという戦術を編み出します。

半藤　ただ、このアウトレンジ戦法を実行できる技量のあるパイロットが、マリアナ沖海戦のときにはすでにいなかったんですね。当時、きわめて高性能だった艦上攻撃機「天山」、艦上爆撃機「彗星」なんかで出撃するんですがほとんど生還しない。のこった飛行機も空母に帰ってくる技術がないからそのまま陸上基地へ向かったそうです。

保阪　「あ」号作戦の失敗は、実は小沢の責任というより、三月に起きた海軍乙事件の影響が大きい。

半藤　パラオから移動中、不時着した福留繁連合艦隊参謀長が、持っていた暗号書や作戦計画書を奪われた事件ですね。

保阪　手の内がすべてアメリカに筒抜けになったせいで負けたわけですから、本来なら福留は軍法会議ものですよ。作戦が漏洩してしまったから、基地航空隊と機動部隊で協同して戦うはずなのに、先に基地航空隊を各個撃破されて、機動部隊も大損害を受けているんですから。

半藤　確かに、そこが海軍らしいところで、所帯が小さいものですから家族的で、あまり咎めだてしたりしないんですね。だから、ミッドウェー海戦でも、南雲忠一、草鹿龍之介、源田実《げんだみのる》の面々をクビにはしてません。

保阪　そして十月のレイテ決戦では、小沢の機動部隊は、捨て身覚悟の囮《おとり》を命じられます。これにはそうとう小沢も頭にきたようですね。

半藤　避敵行動が目立って不信感があった栗田健男《くりたたけお》中将率いる艦隊の囮をやらされる上に、失敗つづきにもかかわらず安全な日吉の司令部にいたまま指令を出す豊田副武に、本気で戦うなら豊田が「大和」に乗ってレイテ湾に殴りこめと言っていきまいたそうです。

保阪　結果としてレイテ沖では栗田艦隊は「謎の反転」をして、小沢の囮は意味がなくなってしまいます。その後は、軍令部次長、そして大将昇進を拒否して中将のままという異例のかたちで、最後の連合艦隊司令長官に就任しますが、海軍としては、すでに万策尽きており、まもなく終戦を迎えるわけです。

半藤　私は以前「週刊文春」の「人物太平洋戦争」という連載で、昭和三十五年ごろ小沢に会いに行ったことがあるんですよ。毎日どういうふうに過ごしているとか、そういう質問にはいくらでも話をしてくれるんですよ。「英語のラジオを聞いてます」とか。でも、戦争の「せ」と言った瞬間に口をつぐんでしまう。

保阪　語りたくなかったんですね。

半藤　あきらめずに三回ほど足を運んだんですが、それでもつれなくて「また来たのかね」なんて言われてね。「最後にひと言だけでも、閣下のご感想をお聞かせください」と言うと、「じゃあ一つだけ聞きたいことを言ってくれ」と言ってくれたので「レイテ沖海戦で、栗田さんと西村《にしむら》（祥治《しょうじ》）さんと、志摩《しま》（清英《きよひで》）さんと、閣下。四人の長官が協同して任に当たられましたが、どうしてうまく行かなかったのか。それだけ聞かせてください」と訊ねた。すると「本当に戦ったのは西村君だけだ。あとは全部落第」と言ったきり黙ってしまった。つまり、西村祥治だけがレイテ湾突入という命令に忠実で、それ以外は、命令違反のだめな奴ということなんですね。それで小沢さんの戦争の話はおわりでした。

保阪　陸軍は、有末精三《ありすえせいぞう》とか牟田口廉也《むたぐちれんや》とか、戦後は比較的語る司令官が多いのですが、海軍にはあまりいません。そういう点は海軍軍人のほうが戦後の身の処し方に共感できるところが多いですね。

半藤　嶋田繁太郎《しまだしげたろう》や井上成美《いのうえしげよし》なんかも、戦後は口を閉ざしてますね。小沢も、当時の自分の部下とか、若い機動部隊の整備兵の集まりには出かけたそうですが、将官クラスが集まる旧連合艦隊の集まりには、ほとんど顔を出さなかったそうです。

保阪　戦後、軍人の恩給制度なんかにも、ずいぶんと貢献したそうです。

半藤　自分が若い優秀な人をたくさん殺してしまったということで、戦後は、遺族や旧軍人のために一生懸命に動いたんですね。ときには自分のところへ訪ねてきた客に、お金を渡すこともあったようで、そのために生活にはけっこう苦しんでいたそうです。当時、小沢は世田谷の大きな母屋の一角にある八畳間に奥さんと二人で暮らしていたんです。それで「全部閣下のお宅ではないんですか？」と訊ねると「いや、私の家です」と言うんで、よくよく聞いてみると、どうも貸した母屋を、だまされて取られてしまったということでした。

保阪　おそらく小沢は、生き残ったかわりに一切語らずに、そういうところで、申し訳ないという気持ちを表していたんでしょう。

半藤　死んで責任を取るという決断と同じように生き残るという選択もまた大変です。でもあえて小沢はそういう責任の取り方を選んだんでしょうね。

第六章 宮崎繁三郎と小野寺信

小野寺信

宮崎繁三郎

名将必ずしも風采上がらず

半藤　私は、宮崎繁三郎《みやざきしげさぶろう》には、昭和三十六年、週刊文春の「人物太平洋戦争」という対談企画で会っているんです。当時は下北沢マーケットの「岐阜屋」という瀬戸物屋のご主人で、写真を撮ろうとすると、照れ屋でなかなか正面を向いてくれなくてね。

保阪　俺が、俺がと前に出るタイプではありませんよね。たしか彼は、明治大学の元総長で、国際法学者の宮崎繁樹の父親でもありますよね。

半藤　そうです。宮崎繁三郎中将は、日本の陸軍の中でも、負けたことがないというというすぎですが、完膚なきまでに敗北したという経験がない稀有な人です。ずいぶんと損害も出しているし、すべて勝ち戦というわけではないのですが……。

保阪　劣勢が続いた陸軍のなかで、結果を出したという点でも評価されてしかるべき存在ですね。

半藤　それだけの人だからよっぽどすごい人なのかと思ったら、背が小さくて、あんまり迫力がなくて、びっくりした記憶があります。「勇将、必ずしも恰幅よからず。名将必ずしも風采上がらず」と。それまで、いろんな軍人に会いましたが、たいてい恰幅が良くて、かっこよい。そのなかでは、宮崎さんの風采は、飛びぬけてダメでしたね（笑）。一体どこに名将、勇将の片鱗があったのかと目を疑ったくらいです。好々爺でね。話によれば三十歳のころから、額が禿げ上がってしまったそうです。

保阪　宮崎というと、必ず出てくるのが、インパールの村長から贈られた小猿を肩に乗せていたというエピソードですね。彼はその猿をずいぶんかわいがったので、現地の人にもとても信頼されたそうです。

半藤　「チビ」という名前の猿ですね。ご当人も、背が小さかったから「チビ」なんです。昭和二十二年に復員してくるときにも、連れて帰るつもりだったようです。動物はどうしても連れて帰れないということで、仕方なくおいてきたそうですが、それがとても辛かったという話を聞きました。

保阪　私は、宮崎という軍人に人間的な興味を持ったきっかけが、半藤さんがお書きになったその猿の話なんです。それで、宮崎について調べはじめたのですが、あまり史料の類が出てこない。

半藤　この人を最初に取り上げたのは伊藤正徳さんで、『帝国陸軍の最後』という本でしたが、昭和史の流れの中では、何か大きな存在であったわけではないので、あまり出てこない。その次に「人物太平洋戦争」で私がとりあげたんです。

保阪　軍事専門家の本などでは、「軍人としてはあまり目立たない。ただ、いざとなったら頼られる存在である」という意味の書き方をしています。とはいえ一般的には宮崎という軍人の経歴もビルマ（現ミャンマー）戦線につきるということのようです。それほど評価が高いわけではないということでしょうか。

半藤　でも、部下にはとても人気があった。一度、部下であった人たちを集めて話を聞いたことがあるんですが、皆さん「あの閣下のもとで戦ったことはほんとうによかった」と口々に誉めてました。宮崎さんは、進むときは常に先頭に立ち、撤退するときは、最後尾から進んで、とにかく負傷者を置いていくなと、動けない一人の人間を八人で担いだそうです。自分の部隊で手一杯のはずなのに、よその部隊の兵まで拾っていった。それもビルマの雨季の豪雨の中、英印軍の追撃を受けながらですからね。その時に、みんなで歌ったのが、『佐渡おけさ』。歌いながら、早く故郷へ帰ろうという意味をこめてね。「豪雨に『佐渡おけさ』がよく合った」なんて口々に言ってました。でも、宮崎さんの命令に、わかりましたと言って担いでいくんだから、部下もまた偉い。

保阪　自分の食事を分けたり、やむなく死んでしまった兵士は、氏名を記録して、後から来る英印軍に見つからないよう道から離れたところに必ずしっかりと埋めて弔ったそうです。

半藤　だから「愚将は強兵を台無しにするが、名将は弱兵を強兵にする」という言葉がまさに当てはまる。風采が上がらずとも、実に名将であったわけです。

保阪　しかし、こうやって宮崎が語られるのは、逆に、彼みたいな軍人が日本に少なかったという証明でもあります。インパール作戦そのものについて言えば、これは大本営が批判されるべきで、連合国から中国国民党を支援する援蔣ルートを叩くという名目ですが、インドの独立を目指したチャンドラ・ボースと東條英機《とうじょうひでき》の関係から始まったもので、軍事的必然性はない、私的な理由で行われた作戦の典型です。しかも、ビルマから、わざわざ多雨で山路厳しいアラカン山脈を越えて、インド東北部のインパールを押えるという無茶な作戦が立てられたのは、東條の威令が通っていたからですよ。

半藤　ほんとうに必要のない作戦ですね。チャンドラ・ボースに泣きつかれた東條が、もう無理な時期に、インド攻略なんて馬鹿なことを考えたせいでおかしなことになった。

保阪　大本営は、あのあたりの地理を正しく把握していたのか、それも謎です。地図上の直線距離で考えたとしか思えません。実際、大本営の参謀は、目標地点まで平地で計測換算して到達時間を出していたようですから。

半藤　宮崎支隊は、快進撃を続けてコヒマという街を占領します。名著『未開の顔・文明の顔』を書いた社会人類学者の中根千枝さんは、たぶん戦後、コヒマに行った最初の日本人だと思いますが、その中根さんが「日本人はこんなところまで戦争しに来たのか」と驚いていました。そのときに「日本軍は、ちゃんとした地図を持ってここまで来たのか」と心配されていましたよ（笑）。日本軍はすべて現地調達で済ませようとする悪癖があるから、だいたい現地の人の評判は悪いんですが、宮崎さんはそれをせず、部下の兵隊たちも軍紀がしっかりしていたので、コヒマでも評判が良かった。

保阪　やはり、インパールでは、計画を無理に進めた司令官の牟田口廉也《むたぐちれんや》が一番問題ですね。この人の責任は明確にしておかなくてはいけない。

半藤　この作戦は、中身もひどくて、「ジンギスカン作戦」といって、各師団とも牛と羊と山羊を、運搬用兼食用として連れていくんですが、狭い山道で道幅が一メートルの厳しい道なので、牛が怖がって動かなくなって道をふさいだところを、飛行機で狙われたり、川に流されたり、崖から転がって落ちたりして、結局、ほとんど役に立たなかった。

保阪　インパール作戦で、興味深いのは、東條と、そして牟田口の上官で、盧溝橋でもインパールでも牟田口の暴走を止められなかった河辺正三《かわべまさかず》、それと東條の腹心と目された牟田口という三人のラインや、牟田口の下にいて更迭された三人の師団長、佐藤幸徳《さとうこうとく》、山内正文《やまうちまさふみ》、柳田元三《やなぎだげんぞう》という作戦に関わった人たちの人間関係ですね。

半藤　牟田口とその下の師団長が実に仲が悪い。これで勝てるわけがない。でも、大苦戦の中、宮崎の部隊だけがコヒマを落とすことが出来た。そのままうまく行けば、インパール街道を制圧できたかもしれないけど、後が続かなかった。このとき、東京ではコヒマを占領できたというので、万々歳で、天皇もお喜びであると、参謀総長以下が感状を送ったそうです。しかし、宮崎支隊はそれどころではなくて、兵站はまったくないし、支援もついてこない。孤立して占領地域を守るのに精一杯になる。それで、宮崎の上官である佐藤幸徳は、牟田口に撤退を進言するんですが、牟田口は、決して撤退するなという命令を下す。

保阪　計画はずさん、支援もせず、補給もしないで、撤退するなとはもう、ひどい命令ですよ。怒った佐藤は、軍律違反を承知で苦悶の末に兵を引き揚げてしまいますが、作戦の是非はともかく、増援要請も来ているにもかかわらず、それを無視して下がったのはこれもまた問題ですね。

半藤　しかし、宮崎の部隊は、牟田口の言うとおり、持久戦で徹底的に頑張ってしまう。このとき、宮崎さんは、部下に「どうせなら、寡兵で、包囲されながら持ちこたえて世界記録を作ろう」と言ったそうです。

保阪　六百人か七百人で、一ヶ月以上頑張ったんですね。

半藤　牟田口さんが撤退させなかったのは、たぶん勲章が欲しかったからだと思いますよ。なにせ「牟田口閣下の好きなもの、一に勲章、二にメーマ、三に新聞記者」と陰口を叩かれていたそうです。メーマとはビルマ語で女性の意味です。つまりビルマ女性が大好きだった。三番目は、新聞記者に大口を叩くのが好きだという意味です。

保阪　インパール作戦に従軍した京都の部隊の兵士たちに話を聞いたことがあるんですが、牟田口の名前が出た途端、激高する人もいましたね。仲間が「水、水」とうわごとを言いながらバタバタと死んでいったというような悲惨な話を、数珠を握り締めながら語るんですが、その人は「牟田口が畳の上で死ぬのだけは許せない」と言ってました。

半藤　インパール作戦は、どのくらい亡くなったんでしょうかね。

保阪　八万人行って、七万人近くの兵士が死んだという話もあるそうです。とにかく白骨街道といわれるほど相当な数の人が死んでますよ。

半藤　作戦が完全に崩壊した後、宮崎を師団長にという話があったんですが、しんがりを受けもって、英印軍の進撃を食いとめる悪戦苦闘の連続で、生死がわからず任命できなかったそうです。その後、ともかく無事に部下ともども生還し、そのままビルマで戦い続けて終戦を迎えた。この終戦のときに宮崎さんが言った言葉が、またすごい。「われわれの努力が足らなかった。日本国民に誠に申し訳ない」というものなんです。これほど戦った人の何と謙虚な発言であることか。

夜襲が得意だった宮崎

保阪　彼がすごいのは、このインパールの話だけにとどまらないところ。インパール作戦以前にも、実はすでにその名将ぶりを発揮していますよね。

半藤　満州事変のあとの熱河作戦のときも、ノモンハンでも勲功を挙げているんですが、特に夜襲が得意だったそうです。秦郁彦氏発掘の彼が部下に言ったという夜襲の要領というものが残っているんです。「一、夜襲成功の要訣は準備の周到と幹部の果敢であること」「二、夜襲は常に強襲になることを覚悟し、予めこれに応ずる処置を研究、準備すること」これは、夜襲は奇襲にはならないと心得るということですね。「三、夜襲のときは幹部を多く失うことを覚悟せねばならない」ここで言う幹部は中隊長、小隊長クラス。「四、大隊の担当正面をなるべく狭小にして、中隊を重畳使用するがよい」つまり、部隊を展開せず、できるだけ一点突破を目指す。その際に、川中島の上杉謙信の車懸り戦法のように、中隊を次から次に繰り出していく。こういうことを自分の実戦に基づいて研究したそうです。

保阪　ノモンハンでも、局地的に勝利していますでしょう。

半藤　簡単に言うと、昭和十四年八月下旬の時点で、ソ連軍に関東軍がコテンパンにやられて、停戦協定に入ろうとするんですが、日本は、出来る限り有利に国境策定を進めようと、熱河作戦で活躍した宮崎を呼んで、なんとか進出しようと考えた。それで、彼が率いた十六連隊が、ソ連軍を撃破して高地一つ分捕った。その上、停戦前に自分の部下に石屋がいないか探して、彼らを集めて石に「何々部隊」と彫らせて、石碑を埋めさせた。その結果、それが日本軍が占領した証拠物件になって、宮崎さんの部隊が進出したところだけ、国境線が突出して確定した。

保阪　しかし、これだけ立派な戦績にもかかわらず、宮崎は相応に遇されたとは思わない。彼の陸大での成績がさほど良くなかったからでしょうか。

半藤　中央部の参謀になれなかったくらいですからね。陸軍士官学校では、七百三十七人中、二百三十番。陸軍大学校では、一度試験に失敗して、卒業のときは、六十四人中、二十九番。これだとトントンと出世するのは難しい（笑）。

保阪　陸大に落ちたときは、死に物狂いで勉強したそうですが、どうにも中途半端ですね。もう少し成績が下位ならば、兵站《へいたん》とかにまわされるんでしょうが、真ん中にいた分、便利屋使いされてしまったのかな。

半藤　成績もよくないし、派閥にも属さないから、引っ張り上げる親分もいない。でも一線で使うとものすごい強いということで、いろんなところに投入されてしまったんですね。

保阪　だから、彼は陸軍省とか、参謀本部にはほとんど来ないで、外回りの汚れ役だったり、辛い仕事を回されていた。

半藤　日中戦争が始まってからも、ずっと第一線ですからね。

保阪　陸士二十六期というと、彼の同期は、田中隆吉《たなかりゅうきち》あたりですね。その連中が局長とか師団長になっているときに、宮崎は兵団長なわけですから、出世のスピードは遅すぎる。

半藤　宮崎さんの場合、エリート的なものとは違う何かがすぐれていて、それが彼を名将たらしめたのだと思います。

保阪　彼は、岐阜の農家の三男ですよね。おそらく、彼の良さは、日本の共同体が持っていた倫理観とか、道徳観みたいなものがベースになっているんでしょうね。

半藤　所帯を持つときに、家を借りるにあたり、「借家認定上の要領」というのを奥さんに渡したそうですが、これがまたおかしいんですよ。「一、健康に好適なこと、隣近所の良好なること。二、なし得れば家主の親切なるがよし。三、家賃は収入の約三分の一までが適当。四、借家に風呂場がなければ、銭湯に近いこと」と、万事この調子なんですね。とにかく用意周到で、いざというときは果敢な人であったと。そういう点は、栗林忠道《くりばやしただみち》によく似ているんですが、栗林のほうは精神的。宮崎さんは、具体的なんですね。

保阪　こういう性格の人こそ、本当は、省部で事務処理をさせるべきですよ（笑）。たぶん、人の前に出て何かするというのが苦手だったんでしょうね。だから、こういうあまり表に出てこない人たちによって陸軍は下支えされていた。ただ、大状況である戦争そのものが正しいか誤っていたかを別にして、宮崎のような個別に一生懸命やった軍人たちを語るのはむずかしいところがある。

半藤　宮崎さんもずいぶん、部下を戦死させていますから。あれだけ大激戦をやったんじゃあ、申し訳ないというのもあったんでしょうね。だから、取材のときも、インパール作戦も、ノモンハンのこともあまり話してくれなかった。

保阪　戦後は、一歩身を引いて、瀬戸物屋で一生を終えたというのもどこか申し訳ないという思いがあったからでしょう。あと、宮崎が寡黙なのは、特務経験も関係しているからではないでしょうか。彼は、満州事変のときはハルピンで、日中戦争でも上海で特務です。一番、名を挙げていくべき時期に特務にいたことが影響しているんではないでしょうか？

半藤　上海では、特務機関長までやっていますが、諜報とか政治工作とか、そういうものが苦手で、本人は特務の仕事はいやでいやでしょうがなかったそうですよ。

保阪　満州事変の頃のハルピンの特務機関は、対ソ戦の前線で非常に厳しい仕事で、戦後はシベリア抑留などでは闇に葬られた人も多いので、もし、そのまま特務に残っていたら間違いなく即座に銃殺でしたよ。上海でもその頃であれば、汪兆銘工作あたりを相当やらされていたはずですが、不思議とそのあたりの話が出てきませんね。

半藤　たぶん、特務としては無能だったから、すぐに出されてしまったんでしょうね（笑）。

保阪　となると、彼にとっても、南方戦線へ回されたのはよかったのかもしれません。

駐在武官の情報戦

保阪　対照的に、ずっと、駐在武官で情報を取っていたのが小野寺信《おのでらまこと》ですね。奥さんの百合子さんが書いて昭和六十年に出版された『バルト海のほとりにて』という本でも有名です。奥さんは、当時のことを詳細に記録していますね。

半藤　女性は不思議と、昔のことをよく覚えていますから（笑）。戦争を終結させるため、和平工作や暗号電報作業をした小野寺夫妻の話が、この本のおかげで有名になり、小野寺は評価されたわけです。女房は大事ですな（笑）。

保阪　小野寺で一番有名なのが、スウェーデンからの数々の電文ですが……。

半藤　「日米開戦不可ナリ」という電文で日米開戦に反対したんですね。

保阪　ドイツは対ソ戦準備をしているが、ドイツは負けるから、日米戦はすべきではない、という内容を何通も送った。この話を、本の出版と同じ頃にＮＨＫの特別番組がやって有名になりました。

半藤　小野寺は、昭和十年から二年、ラトビアなど後のバルト三国の駐在武官を務め、一度帰国したあとに、開戦前の昭和十五年からスウェーデンで駐在武官として終戦までそこにいて、ヨーロッパの状況を逐一、大本営に送っていたんですが、大本営ではまったく参考にされなかった。イギリスとかアメリカというような国の大使館付武官ならともかく、バルト三国や、スウェーデンですから、これはいわば島流しみたいなものなんでしょうね。

保阪　彼にとってかなり屈辱だったんじゃないでしょうか。

半藤　小野寺の情報を、参謀本部がまったく取り合わなかったのは、彼が皇道派だったというのが大きいようです。余談ですが、私は百合子さんに感謝されたことがあるんです。なんでも、私の本を読んで、小野寺が外回りばかりさせられていた理由がわかったと。息子さんにすすめられて読んで、皇道派と統制派の抗争について知った。それで対ソ戦重視論者だった小野寺は皇道派ではないか。だから飛ばされたんじゃないかと得心したそうです。小野寺本人は、奥さんにはそのことを伝えてなかったんでしょうね。

二重、三重の思惑

保阪　あと、スウェーデンの情報は、あくまで周辺情報であって、東京で政策立案をする際には、ある程度参考にされたとしても、メインの情報ではないんですね。むしろドイツ大使の大島浩《おおしまひろし》が送ってくるドイツの情報などのほうが極端に重視された。

半藤　大島は、もともと駐在武官ですが、後に東郷茂徳《とうごうしげのり》を差し置いて、自ら大使になりますよね。

保阪　あまりにドイツの情報べったりで、日独防共協定を結んでいたにもかかわらず、昭和十四年八月独ソ不可侵条約が締結された際には、彼の情報がまったく当てにならないことが証明されたのに、その後、なぜか再び大使として、ドイツに派遣される。彼の父親は、大正時代に陸軍大臣だった大島健一《おおしまけんいち》で、東條が大正四年に陸大を出て最初に副官部に入ったときの大臣なんです。それで、大島健一に仕えたことがあったし、東條自身もドイツ贔屓ということもあり、さらに大島浩は陸大時代の同期生だったので重用したんでしょうね。

半藤　この人は、なにからなにまでドイツ流にしたというくらいとにかくドイツ贔屓でね。

保阪　大島のドイツ語は、実に上手だったそうです。自由に階層別に使い分けが出来るし、方言も使えた。それで、ドイツ人とパーティーなんかやるときには、ドイツ語で民謡を歌って、みなを喜ばせる。日本の国益というより、ドイツのためにいろいろやっていたんですね。

半藤　田嶋信雄の『ナチズム極東戦略』を読んで、びっくりしたんですが、もともと、ヒトラーもドイツ国防軍も、日独伊防共協定から、三国同盟に乗り気ではなかった。むしろ中国贔屓で、日本なんか相手にしなかった。でも、リッベントロップが外務大臣になりたくて、反共の権化である国防軍防諜部のカナリスと、大島と組んで、ヒトラーも強く希望しているなどと、いい加減な情報を流して、日本の参謀本部を騙した。カナリスが立案したスターリン暗殺計画なんかも三人で考えたそうです。カナリスは、その後、ヒトラー暗殺計画がバレて処刑されてしまうんですが。

保阪　日中戦争が始まったのが昭和十二年七月で、その前の年に、日独防共協定を結んでいるんですが、当時は、ドイツと中国国民党の関係が非常にいい時代で、ドイツの軍人たちが中国国民党の軍事顧問をしてますよね。

半藤　だいたい日中戦争の最初は、ドイツが国民党を作戦的にも指導して武器まで供給してますからね。

保阪　だから、日中戦争が始まったころ、蔣介石の次男の蔣緯国は、ドイツの陸軍ミュンヘン士官学校にいたんですが、ドイツと日本が接近して状況がおかしなことになってくると、十三年ごろにドイツから出されてアメリカに行かされます。おそらく、日中戦争が始まってすぐ、日本がドイツに国民党との関係を切るよう働きかけたからだと思いますよ。

半藤　大島はその後、ノルマンディー上陸作戦のときのドイツ軍の配置なんかも、日本に送ってきている。でも、それをアメリカにすべて暗号解読されてしまった。たとえばドイツ軍の戦車の塹壕は、半径五メートルで、深さが三メートル。こういう陣地があるというので、アメリカ軍は、それをあらかじめ空爆で虱潰しにしたそうです。それから、スターリングラード攻防戦の後、ドイツがソ連に講和を持ちかけようとしたときに、ヒトラーがウクライナ割譲を条件にすると言い出したという情報も日本に送って、これもアメリカに筒抜けだった。

保阪　それでは、アメリカの情報マンですね（笑）。大島のドイツ贔屓は戦後も変わらなかったそうで、戦時下で「マッカーサー参謀」と呼ばれた情報将校の堀栄三《ほりえいぞう》さんは、戦後、自衛隊にいて、西ドイツの駐在武官を経験しているんですが、配属が決まったときに、大島のもとを訪ねたそうです。それで、ドイツ人とどう付き合うかというようなことを聞いてきたんですが、彼にとってドイツが祖国じゃないかという印象すら受けたと話していましたね（笑）。

半藤　これは、私が直接に聞いた話ではないんですが、文藝春秋のある編集者が、大島に会いに行って原稿をお願いした。残念ながら断られたが、代わりに面白い話を聞いたそうです。大島いわく「私の見通しは完全に間違っていた」。

保阪　最後に認めたんですね。

半藤　それで「しかし、ヒトラーは天才であった。あんな天才は見たことがない。もし、ソ連に勝っていたら、スターリンにドイツの古城の一つでもやって、ゆっくり余生を過ごさせてやるつもりであったとヒトラーは語っていた」と言っていた（笑）。

保阪　大島が誤りを認めたのは珍しいですね。おそらく最晩年だったんでしょうね。

半藤　そう。でも、死ぬ前に言われてもね。もっと前に気づいてくれれば（笑）。ところで、優秀な軍人は、一度駐在武官を経験していますね。首相になった軍人も、たいたい在外武官の経験者です。

保阪　斎藤実《さいとうまこと》、阿部信行《あべのぶゆき》、米内光政《よないみつまさ》あたりは経験がありますね。駐在武官で行く場所もいろいろあって、インドとか、オーストラリアとかはけっこう良いところなんですよね。

半藤　インドの武官は出世コースでしたね。

保阪　それでも、二年が限度ですね。ソ連で情報を取っていた駐在武官はあまり長期間モスクワにはいなかったように思う。

半藤　ソ連の駐在武官は徹底的にゲーペーウーに情報を盗まれていますよ（笑）。

保阪　小野寺がスウェーデンで集めていた対ソ情報も、相当なものだったようで、早稲田の山本武利氏がやっている20世紀メディア研究所での機関誌を見ると、戦後、小野寺はG

HQの取調べを受けたときに、かなりアメリカに役立つ情報を持っていたことがわかり、それが戦後、アメリカでも活用されたという論文も出ていました。このときに、アメリカと開戦するなと陸軍省へ送った例の電文や、終戦のときのバッゲ工作の件なんかもすべて話したと思う。

半藤　なるほど、中立国スウェーデン駐日公使バッゲを使って、重光葵《しげみつまもる》外相が和平を図る工作でしたね。

保阪　でも、昭和二十年四月に、外相が東郷茂徳に代わる頃に、バッゲもスウェーデンに帰国してしまう。それで、バッゲに本国での工作を頼むんですが、バッゲが帰ってみると、どうもスウェーデンで小野寺がおかしな動きをしているという。このとき、小野寺は、ストックホルムに住んでいるドイツの実業家を通じて、スウェーデン王室に日本陸軍存続を条件に和平工作をして欲しいと働きかけていたといい、これを聞いたバッゲが、東京で聞いた話と、ずいぶん違うので、小野寺の工作をやめさせるように在スウェーデン公使の岡《おか》本季正《もとすえまさ》に言うんですが、この内容が、ストックホルムの新聞に漏れてしまったと『日本外交史』は岡本側の見方を伝えている。

半藤　それは、いつのことなんですか？

保阪　昭和二十年五月ころです。それで、日本には英米との和平の意志があるという情報が流れて、バッゲの工作も中止される。実は、このときに情報を漏らしたのが小野寺ではないかと『日本外交史』には書いてある。真偽はまだ不明です。

半藤　小野寺としてはソ連の仲介による別ルートを探っていたが、外務省筋の工作と重なってしまったわけですね。

保阪　これは外務省の資料ですから、駐在武官に対する不信感があるとは思うんですが、少なくとも、スウェーデン王室と接触出来るほどの関係を彼はもっていたんです。

半藤　その「陸軍存続を条件に」というのが、気になりますね。やはり、省益もあって動いたのでしょうか。

保阪　しかし、このことは小野寺側の見方、あるいは資料では考えられない。ただこの情報は、世界で報道され、インドのニューデリー放送でも流されたそうです。この件を見ると、小野寺の役割も、二重三重にプログラムがあって、単純に国益のためだけに動いていたわけではない気が大いにします。小野寺だって五年もスウェーデンにいたら、いろいろなつながりがあっても、不思議はないですね。

半藤　駐在武官を長くやると、どうしても向こうの仲間になってどちらの味方かわからなくなる人が多かった。駐在武官というのは、これが危険なんですね。

保阪　一般的にはそう言えますよね。しかし小野寺は国体護持を前提にスウェーデン国王との面会を王子に要求している。そのことはポツダム会議でもトルーマンが「スウェーデンからの情報で」という言い方をしている。なにかメッセージは伝わっていたんですね。

第七章
今村均と山本五十六

山本五十六

今村均

責任の人、聖将今村

半藤　今回は、今村均《いまむらひとし》と、山本五十六《やまもといそろく》という、世間一般では名将として認識されている二人について、再検証してみようと思います。

保阪　今村というと、ジャワ（現インドネシア）での占領地行政と、戦後、志願して部下が服役しているマヌス島へ行ったという話が有名ですね。

半藤　私は今村さん自身にも何度もお会いしてますが、戦時中に従軍記者として、今村さんと一緒にジャワに行った大宅壮一さんからも今村さんの話は、いろいろと聞いています。今村さんの軍政というのは非常に評判がよかったのですが、実際に、今村さんがジャワで何をしたかというと、たとえば、『インドネシア・ラヤ』というインドネシアの人たちが好んで歌っていた独立の歌があって、オランダ統治下では歌うことを厳禁にされていたのですが、今村さんは、これを日本でわざわざレコードにして、どんどん配ったんで、現地の人が大変喜んだそうです。

保阪　日本の軍政というと、どちらかというと押さえ込むイメージがありますが、今村の軍政はリベラルだったようですね。その方がかえって慰撫できた。インドネシアの戦友会というのは戦闘があまりなかったこともあって、非常にまとまりがよいんですが、私の知るある戦友会では、インドネシアの大使館員も来てみなで『インドネシア・ラヤ』を歌うんですよ。感動的ですね。

半藤　インドネシアでは、終戦後に独立闘争に参加した日本人もいましたからね。政治犯だったスカルノやハッタも、今村さんのおかげで、政界に復帰して独立運動に参加できるようになります。

保阪　敵国であるオランダ人の捕虜も、居住地域は決まってますが、敵対行為をしない限りは自由に交流させて、彼らの文化をある程度尊重していますしね。

半藤　ジャワの今村さんの有名な写真というのが二枚あるんですが、一枚は、馬上で威風堂々としているもの。もうひとつが大勢の地元の子どもたちに囲まれてニコニコと手を振っている。いかにも今村さんらしい写真なんです。これを見た大本営が激怒した。こんなことでは皇軍の面目が失われると。

保阪　報道班員で、一番多かったのはインドネシアに行った人だそうですが、それは、今村の軍政の影響もあったんでしょう。美名に踊らされるようなところはあったにせよ、今村自身は、本気で大東亜共栄圏を作ろうとしていたのかもしれません。陸軍の中でも今村だけが過大評価されているという向きもありますが、裏を返せば、今村以外の日本の軍政がいかにひどかったかということの証明ですよ。

半藤 その後、昭和十七年十一月に後任の原田熊吉《はらだくまきち》と代わってからは、陸軍省の意向に沿った形の軍政がしかれるようになります。大宅さんによれば、それまでジャワは天国みたいだったのに、一変してしまい記者がみんな東京に逃げ帰ったそうです。

保阪 陸軍中央でも今村のやり方を苦々しく思っていたようで、一年でジャワから異動になり、ソロモン諸島方面を担当する第八方面軍の軍司令官としてラバウルに赴任させています。

半藤 そして、ラバウルがあるニューブリテン島を決戦場に考えて、いち早く自給自足の態勢がつくれるように、徹底的に食糧生産をします。

保阪 餓死者が非常に多かった陸軍で、こういう発想をしたのも実に珍しい。

半藤 守備の将兵全員で五万人を食わせるんですから、それは大変ですよ。昭和十九年の二月になって、ラバウル航空隊がみんなトラック島に引き上げて孤立してからは、本当にやることは畑作業ばかり。とにかくラバウルで作れないものは赤ちゃんだけというくらい何でも作ったといいます。で、ほうぼうから飛行機の残骸を集めて、新司令部偵察機など三機作ったりした。私は、それに搭乗した陸軍中尉に会ったことがあるんですが、トラック島まで飛んで、マラリアの薬であるキニーネを受け取って、ちゃんと帰ってきたそうです。

保阪　それは、すごいですね（笑）。

半藤　アメリカも、何もないはずなのに、なぜ飛行機が飛んだんだと驚いたそうです。

保阪　しかし、思惑とは異なり、アメリカは手薄で重要なところだけを落とすという飛び石作戦をとったので、要塞化されたラバウルは、ほぼ温存されたまま終戦を迎えます。その結果、ラバウルの兵士が多数生き残ったことで、今村の評価がまた上がります。

半藤　餓死者もあまり出さず、戦死者も少なかったというのは珍しいですからね。

保阪　終戦後、今村はそのままオーストラリアの管理下であるラバウルの収容所に入り、オーストラリア、オランダの裁判を受けていますけれど……。

半藤　インドネシアで起きたことについては、今村さんが直接に関係しているものはなかったですが、残った部下がたくさんいて、今村さんも責任を問われた。それで豪州法廷では禁固十年の刑を言い渡される。

保阪　その後、オランダ軍の裁判を受けるため、オランダが管理するインドネシアのストラスウェイク刑務所に入ったときに、スカルノたちが助命嘆願運動をして、もし死刑になったら、そのときは救出作戦まで考えていたそうです。それを聞いた今村は、「ありがたいが、私は、そのときは堂々と刑を受けます」と答えて、さらにスカルノたちを感服させたそうです。結局、オランダ法廷では無罪だったのですが、オーストラリアの裁判の禁固十年があって戦犯として巣鴨プリズンに入ります。でも、今村さんは、部下がいるマヌス島で服役したいと主張して、マッカーサーもこれを許し、マヌス島へと戻ったんですね。

半藤 当時、マヌス島にいたのは、BC級戦犯なんですが、最初、今村閣下が戻ってくるという話を聞いたときには、マヌス島の人たちは、まさかと思ったそうです。なにせ、大将が、下士官兵と同じ境遇に身を置こうと志願して来るわけですから。それで、実際に今村さんの姿を見たときには、皆で号泣した。

保阪 私が思うに、この人のおかげで陸軍の評価がかろうじてバランスが取れているのではないでしょうか。本間《ほんま》雅晴《まさはる》なんかも、そういう言われ方をすることがありますが、まったく残虐行為などがなかったと思われるのは今村だけですね。もうひとつ、戦闘で大損害を出していない。やむを得ず戦闘になったときも、被害を最小限にするというのは、名将の条件のひとつだと思います。

半藤　第八方面軍は、ソロモン諸島が指揮下にあるので、ここでは、けっこう戦死者を出しています。でも、ラバウルからの救援手段がないので今村さんは助けにいけなかった。これは、非常につらかったそうです。

保阪　この今村のリベラルな気質は、陸軍士官学校の十九期出身ということが、影響していると思いますね。この期は、一般中学出身だけしか採らなかった期で、今村均のほかには、本間雅晴、田中静壱《たなかしずいち》、河辺正三《かわべまさかず》などがいます。通常、士官学校では、幼年学校から来た組と、一般中学から来た組がいて、この二つがかならず対立するんです。幼年学校では、ロシア語やドイツ語を勉強しているので、一般中学組に対してエリート意識を持つ。それで、本流を行く人をカデと呼んでいたそうですが……。

半藤　士官候補生という意味ですね。

保阪　十九期はそれがなかったから、逆に仲間意識も強いし、対抗意識もエリート意識も薄かった。それと一般中学では英語を学ぶので、イギリス、アメリカ、インド、オーストラリアといった英語圏の駐在武官になることも多かった。

半藤　今村さんは、その十九期のなかでも特に優秀だったんですよ。新潟県立新発田《しばた》中学も、陸大も首席で卒業しています。

保阪　だから、比較的順調な陸軍軍人としての人生を歩んだ。参謀本部では、上原勇作《うえはらゆうさく》元帥にもかわいがられています。

半藤　上原は陸軍の大御所ですからね。

保阪　今村さんが上原に気に入られた理由のひとつに、率直さがあると思うんですよ。彼がイギリス駐在武官から帰ってきたときに上原に呼び出されて、「イギリスとフランスの歩兵の編制の違いを言え」といわれる。今村は一応答えるんですが、さらに突っ込まれるとわからなかった。そこで、上原が、「何で向こうの人間に聞いてこないんだ？　お前は今、ここで考えただけだろう」と問い詰めると、「はい、そうです」と正直に答えたそうです。これが今村の人間性なんでしょうが、そういうこともあって上原は、今村を手元において徹底的に鍛え上げた。

あまり語られない今村の側面

半藤　もともと優秀な人ですから、上原としても使えると思って手元に置いたんでしょうね。それからの今村さんの動きで注目したいのは、満州事変前後に、参謀本部の作戦課長をやっている点です。

保阪　今村というと、ジャワの軍政と、マヌス島の件で評価されていますが、あまり、この満州事変での動きについては言われていないですね。この前にも昭和六年頃、軍務局徴募課長もやっている。だから、彼の職務は必然的に満州事変に関わらざるを得ない職務なんです。

半藤　満州事変は、決して関東軍の独走ではなく、背後に参謀本部も一枚嚙んでいる。天皇が、望んでいないというので、参謀本部も一応止めさせようというポーズはとりますけどね。当時の上司に当たる、作戦部長の建川美次《たてかわよしつぐ》が、関東軍をとめに行くんですが、料亭で酔い潰されて、結局とめられない。その建川のすぐ下にいた今村さんが何も知らないはずはない。回顧録の中でも苦渋の様子は窺えますが……。

保阪　確かに、上で決めたことに自分は則って進めたという感じが見えますね。もうひとつ気になるのが、その後に起きた昭和六年の十月事件です。

半藤　陸軍中堅将校の集まりである桜会の橋本欣五郎《はしもときんごろう》中佐らによるクーデター未遂事件ですね。

保阪　はい。このとき今村は、橋本を抑える側にまわっている。この前に起きた三月事件に参加したメンバーの一部も、十月事件では、抑えるほうにまわっている。

半藤　この昭和六年は、今村にとっても非常に難しい立場にいたはずなんですよ。でも、みんなそこに触れない。私も、今村さんに会ったときにそこは聞き漏らしているんだよなあ（笑）。だから、今村さんの評価をする上で、ここはもう少し解明が待たれるところです。

保阪　そのあとは、またしばらく省部から離れて、開戦直前の昭和十五年、教育総監部本部長をやっている。

半藤　これも、今村さんの軍歴では避けて通れない。このときに有名な「戦陣訓」を、東《とう》條英機《じょうひでき》の指示でまとめている。

保阪　和辻哲郎や島崎藤村、土井晩翠《どいばんすい》に、部内案の添削を頼んでいますね。

半藤　とかく、評判の悪い「戦陣訓」ですが、日本語としてはいい文章。いや美文すぎる文章であるといわれます。

保阪　たしかに、抽象化されていて、よくねられています。ただ、これはあくまで建前であって、今村も現場で厳密に運用されるものとは考えてなかったでしょう。偏狭な陸軍の思想と結びついた結果の悲劇といえます。

半藤　「戦陣訓」が作られた背景として、泥沼化した日中戦争で、兵士のモラルが非常に低下したという背景がある。「生きて虜囚の辱めを受けず、死して罪禍の汚名を残すこと勿れ」という一文ばかりが、クローズアップされますが、内容は軍人勅諭と大して変わりがない。

保阪　軍人勅諭があるのに、また「戦陣訓」なんて、屋上屋を重ねるようなことをしたのは、東條の周りにいた師団長クラスの連中が、ゴマすりのために作らせたという側面があるように思う。結局、建前が現実に先行してしまった。まったく投降するなというのは、現実ではありえない話ですからね。

半藤　石原莞爾《いしはらかんじ》なんかは部下に読むなと言っていたそうですからね。海軍でも、「艦と運命を共にする」という伝統がありましたが、駆逐艦艦長だった吉川潔《きつかわきよし》なんかは、「船は三年たてばできるが艦長は十年かかる。いちいち船と沈んでいたら誰が戦争をするんだ」と怒ったそうです。この人は奮戦して三隻も乗っている駆逐艦が沈み、最後に戦死した。

保阪　その後、今村は、開戦直前になると対米戦争のために呼び出され前線司令官になっています。

半藤　このとき、陸軍では対ソ戦戦術はさんざん考えていても、対英米戦は頭になかった。しかし、十一月に任命してすぐ翌月に開戦するので、とにかくエース級を前線に配置しようと、マレー半島に山下奉文《やましたともゆき》、フィリピンに本間、ジャワに今村という布陣をしきますが、これって本当にエースなんですかね（笑）。この三人、みんな東條に嫌われているんだよね。

保阪　ただ、当時はまだ参謀総長と陸軍大臣が兼任ではないので、東條がそこまで口を挟んだとは考えにくいと思います。

半藤　こんな短期間で、十分な作戦なんか練れるわけがない。そんな状況にもかかわらずいくら弱いオランダ軍とはいえ、九日でジャワを攻略したんだから大したものですよ。

保阪　もうひとつ、私が今村を評価したいのは、彼が自分の筆で克明な回顧録を出している。ふつう陸軍軍人の回顧録だと、手前味噌な部分があるんですが、今村は歴史に対してきっちりとした姿勢を持っている。自分のミスも踏まえつつ、陸軍教育の欠陥なども指摘していて、歴史上の証言としても評価できます。彼は生き残りの人生を、歴史に教訓を書き残すという行為で償おうとしたのかもしれませんね。

山本元帥死の真相

半藤　さてこの今村さんと山本五十六には実は面白いエピソードがあります。山本さんは将棋好きとして知られていますが腕前は大したことがなかったという話をしてくれた人がいるんですが、その人によれば、ラバウルでは二人はパチリパチリと将棋を指してずいぶん意気投合した。それで、山本さんが最前線に視察に行こうとしたときには、そんな危険なことはしないほうがいいと、今村さんがとめたそうです。

保阪　この山本の乗った飛行機が撃墜された昭和十八年四月の海軍甲事件では、一番機に乗っていたのが山本で、二番機に宇垣纏《うがきまとめ》が乗っている。それから護衛機が六機で向かうんですが、宇垣の二番機が海上に不時着して助かった。

半藤　このとき、護衛機のゼロ戦は六機ともみんな無事だったんですが、なぜ護りきれなかったのかと後で批判されます。

保阪　それで、生き残った人は制裁として最前線に送られて次々に戦死してしまいます。ところで、山本は墜落した後もしばらく生きていたという話がありますよね。敵の弾に当たって死んだのではなく、重傷を負って、部下がとどめを刺したという説もある。山本の遺体にだけ、なぜか蛆が湧いていなかったというのが根拠のようですが。

半藤　山本さんを椅子ごと運んで、安置させてから介錯したという人もいます。

保阪　飛行機が落ちた後、日本軍から浜砂盈栄《はますなみつよし》という宮崎出身の将校の中隊が、捜索隊として出されます。彼らが山本の遺体を確認したといわれているんですが、そのときの状況については、海軍から緘口令がしかれた。でも当時の報告書が何年か前に明らかになって、それによれば、山本のそばに同乗していた軍医が倒れていて、周りの兵士たちが山本に近づこうとしたまま絶命していた。山本自身は椅子に座ったまま、軍刀を杖にして考えているような形で死んでいた。最初、誰の死体だかわからなくて、ポケットの中の手帳を見たら、それが山本五十六だとわかり、それで急いで指を確認したそうです。

半藤　山本は、日露戦争のときに、左手の薬指と中指の第二指を飛ばしてしまっている。でも人差し指が残っていて、これなら鉄砲が撃てるということで、なんとか軍籍に残れたという。傷痍軍人第一号です。この話を知っていたわけですね。

保阪　その話は、当時からみんな知っているほど有名だったんですね。浜砂さんは、そのときにはすでに絶命していたとの証言を残しています。ただ、このとき山本はまだ生きていて、浜砂さんと前後して来た軍医が診察したんだという人もいる。この軍医は、山本を診察したばかりにその後、いろんなところに回されて死んだそうです。

半藤　このあたりは、本当に諸説あるんですよ。国民にも山本が四月十八日に死んだことは、翌五月二十一日まで伏せられた。なんで私が日付までよく覚えているのかというと、五月二十一日は私の誕生日で、この日、国技館に大相撲を見に行ってたからなんですよ（笑）。それで、大相撲の途中で、相撲取りも観客も検査役も行司も『海ゆかば』の演奏にあわせてみんなで黙禱した。その日、実に珍しい取組があって、龍王山と青葉山が、土俵上で取っ組んだままままったく動かなくなって二番後の取り直しになった。ところが、その取り直しも同じようになって、結局引き分けになる。そうしたら、その一番が、「山本大将が死んだ日に、闘志が足りない相撲を見せた」と、大問題になって、二人とも翌日から出場停止になったんです。

保阪　それが昭和十八年五月二十一日の話なんですか？

半藤　そうなんです。夏場所の十日目でした。その出場停止を聞いて怒ったのが当時の力士会会長だった双葉山。われわれが動かないといって、力を抜いているなんてことはない。いつも本気でやっているのに、そこを疑われたら相撲が成り立たないと、相撲協会に抗議した。それで、十三日目に、二人とも出場停止が解けて、もう一番やることになった。このときは勝負がついて青葉山の勝ち（笑）。

保阪　それでは、よく覚えているはずですよ（笑）。その後、山本の葬儀は国葬として六月五日に日比谷公園で行われます。太平洋戦争の三年九ヶ月を見るときに、この山本の死をひとつの区切りとみる人もいますね。山本が死んで、戦争指導が変わった。

半藤　山本としても、戦略の転換を考えていましたから。サイパン、グアム、テニアンの線まで、一旦大きく後退して、もう一度立て直してから決戦を挑もうとした。そのためには、最前線にいる人たちを捨て石にしなくてはいけない。だからこのラバウルでの視察も慰問ではなく別れを告げにいったのだという人もいます。

保阪　宇垣纏の日記『戦藻録《せんそうろく》』でしたか、山本は死に場所を探していたのだといわんばかりの記述もあります。「一年間なら戦ってみせる」と言って、その一年間が経過したところで、絶望的な状況になった。それで、もはや連合艦隊司令長官を退かなくてはいけないという気持ちから出たのだというのが死ぬ時期を考えていた説の推測のようですが。

半藤　山本の性格を考えると、その説は、やや気弱かなと思いますよ。というのも、山本が重用した変人参謀の黒島亀人《くろしまかめと》の作戦がどうも米軍に読まれているということで、このラバウルの航空戦が終わったら彼を切るつもりになっていた。これは、まだ、戦う意思があったからだと思うんですよ。

保阪　そのあたりから仲が悪かった宇垣とも少しだけ話すようになりますね。それがうれしくてしょうがない様子が宇垣の『戦藻録』にも見て取れる。しかし、黒島を最後になるまで切れなかったのが山本の弱さではないですか？

半藤　黒島というのは、真っ暗闇な部屋にひとり籠もって褌一丁で、毛布をかぶり、うんうんうなりながら作戦を考えた。これを、恰好つけてるだけなんじゃないかという人がいるんですが、これは、日本海海戦の秋山真之《あきやまさねゆき》の真似なんですな。でも、彼の発想は独自のものがあったそうです。

保阪　山本いわく、「あいつは金太郎飴じゃない」と。

半藤　そう、発想は独特のものがあった。しかし、黒島は、万事この調子なんでとにかく内部に人気がなかった。会社にもそういう人がいますよ。優秀なんだけど変わり者で、みんな良く言わない（笑）。

保阪　人間性うんぬんとは離れたところで、山本は黒島を評価していたんですね。

半藤　だいたい、山本も一年か一年半は暴れて見せますなんて、言っちゃいけませんよ。私はあれで山本さんの評価が落ちたと思うんですが、鬱屈しているものを一気に爆発させるあたりが越後人ですよね。河井継之助《かわいつぐのすけ》なんか典型的ですよ。ガットリング砲なんてものを手にしなければ、長岡もあんな悲惨な負け方はしなかったのに……。山本も同じで、ゼロ戦（零式戦闘機）と、酸素魚雷と、陸攻（一式陸上攻撃機）。この三本柱があったばかりにひょっとしたらと思ってしまったのかもしれない。

なぜ日本人は山本が好きなのか

保阪　しかし、これだけ、戦後、山本五十六が有名になったのも、ヒーローとして語られていくうちにいろんな逸話が神話化されていったからだと思うんです。実際にリアルタイムでの山本の評価というのは、どんなものだったんでしょうか。

半藤　真珠湾攻撃の時点では、国民はそれほど知らなかったはずですよ。大戦果の発表後に「連合艦隊司令長官は山本五十六大将なり」とラジオで聞いた覚えがある。

保阪　すると、その頃から山本の名前が国民に浸透していくわけですね。

半藤　国民レベルでいえば、稀代の名将ですよ。何せ、ミッドウェー海戦だって負けてないですから。ガダルカナルだって転進と言ってごまかされた。

保阪　そうやって国民レベルでは伏せられていたわけですね。

半藤　後に言われる山本と天皇がツーカーだったというのも作り話のようですね。十二月一日に御前会議で開戦が決まり、三日に山本が呉から上京してくるんですが、このときの「小倉庫次《おぐらくらじ》侍従《じじゅう》日記」によれば、山本の拝謁は、十時四十五分からの五分間だけです。これでは肝心なことは何も伝えられませんよ。

保阪　しかし、真珠湾攻撃のあとしばらくは、天皇が勅語を出しつづけますよね。そのなかでも連合艦隊に対しては、特によく出しています。だから、天皇が山本を信頼していた様子はあるように思いますが……。

半藤　これは、推定の域を出ませんが、もし、天皇が山本を信頼していたとすれば、それは、昭和十四年に米内光政《よないみつまさ》、山本、井上成美《いのうえしげよし》のトリオが三国同盟を潰したというのが非常に印象に残っていたんだと思います。この三国同盟が一度立ち消えになったことを、天皇は非常に評価しています。

保阪　ひいては、現在における山本の評価にも結びついていますよね。やはり、アメリカの国力を把握した上で、対米戦を避けようとしたという点が大きい。彼は、大正十四年にアメリカに駐在武官として赴いたときに、その工業力に圧倒されて、こんな国と戦争するべきではないと言ったそうですね。

半藤　これは、長岡中学の講演で言ったと、地元の人からも聞いたことがありますよ。山本は、三国同盟に反対したので右翼なんかにも相当脅されたようです。米内海相は、ああいうおおらかな人ですから、陸軍に喧嘩を売るようなことはいわない。井上軍務局長はもっぱら海軍部内をしっかりと抑える。もっぱら平気で陸軍を悪しざまにいうのが次官の山本なんです。だから、山本が一番憎まれた。

保阪 陸軍の中にも、山本を切れという意見が出て、護衛がついて、もしものときのために遺書も認め、金庫に入れていた。

半藤 それが、「あに戦場と銃後とを問わむや」という有名な遺書です。つまり、戦場で死んでも、ここで死んでもおんなじだと。それだけの決意で対米戦争を回避しようとした。もし、対米英戦をやるのであれば、海軍軍令部がなんと言おうと自分のやり方で戦争をしようとしたのが、真珠湾攻撃なんです。

保阪 原則的な立場で言えば、軍令部が作戦を策定して、連合艦隊はそれを遂行するべきところ、連合艦隊が勝手に作戦を立てて実行しているのですから違反行為といわれても仕方ない。軍令部総長の永野《ながの》修身《おさみ》のOKがあったとはいえ、長期的視野に立ってなされるべき戦争が、こういう形で始まったことは、非常に問題ですね。

半藤 山本さんの悲劇は、自分の反対する戦争の陣頭に立たねばならなかったことです。ですから、早期終結のために真珠湾攻撃をあえて言えば失敗を覚悟して考えたのです。

保阪 でも、これだけ中枢部に反対派がいて、連合艦隊長官の作戦が採用されたというのも不思議な話ですよね。

半藤　それも山本の悲劇で、瓢箪から駒で、どうせ軍令部が反対しているからつぶれると思っていた。九月の図上演習の段階ではまだまだもめている。それで、十月に東條内閣が成立したのと同じ頃に、やっと承認される。そうなると軍令部が命令書を出して一気に準備が始まる。

保阪　海軍は以前からアメリカを仮想敵国にしていましたが、それは、南洋での戦闘を考えていたんですよね？

半藤　そうです。最初はフィリピンの北方あたりで、大海戦をやるつもりだったんです。それが、船や飛行機の性能があがったため、マリアナ沖で決戦するという想定になった。いずれにしても迎え撃つ作戦で、積極的攻勢作戦ではありませんでした。

保阪　日本では、真珠湾まで乗り込んで叩くという発想自体が、開戦半年前までまったくなかった。黒島の案を採用した山本が、博打好きといわれる所以ですね。

半藤　日本の艦隊は近海での戦闘しか想定していないから、航続距離もそんなに長くない。とりあえず出撃してきた敵艦隊をバーンと日本の近海で叩いて一気に講和に持ち込もうと。

保阪　しかし、緒戦の勝利でそのまま戦い続け、分水嶺となったミッドウェーでも結局失敗して責任を取れないまま死んでしまった。途中で死んでしまったというのも、また日本人にとって感情移入しやすいんでしょうね。

半藤　山本が死んだとき、新橋の元芸者さんで恋人だった河合千代子《かわいちよこ》さんという人がいるんですが、この人が山本五十六が書いたラブレターを持っていたんです。海軍省はこれは表に出してはならないということで、沼津にいた千代子のところへ行って、強制的に焼かせたんですが、とくによい手紙は無事だった。千代子が隠したんですね。これらがまことに人間味があって面白いんですよ。千代子と一緒に出かけたことのある安芸の宮島から、山本が手紙を書いているんですが、「鹿がクウクウといっとったからウンヨシヨシと言ってやりました」とか何とか（笑）。国運を賭して戦っているときに何事だという気もしますが、こういうところがまた受けて、一段と名を上げたわけです。

保阪　山本のそういうところをまた人間らしいという人もいる。女遊びが人間らしいというのもどうかと思いますが、こういう艶話があると、またどうも人気があがるようですね。

愚将篇

第八章 服部卓四郎と辻政信

辻政信

服部卓四郎

ノモンハンで誕生した凸凹コンビ

半藤　さて、ここまで名将たる人たちについて語ってきましたが、いっぽうには許し難い愚将たちの存在があります。では愚将とはなにかと問われたら、私は端的に〝責任ある立場にあって最も無責任だった将〟と答えたい。これから挙げる人たちは、まさにそういう連中です。

保阪　私がまず、愚将の筆頭に挙げたいのが服部卓四郎《はっとりたくしろう》と辻政信《つじまさのぶ》ですね。大雑把に愚将を分類するならば、軍官僚としてか、それとも現場の指揮官として愚かだったのかと分けることができると思うのですが、このふたりは両方とも大きくマイナス点がつきます。

山形県出身の服部卓四郎は陸軍士官学校三十四期、辻政信は石川県出身で三十六期。ともに陸士および陸軍大学校、優等卒の俊才でした。辻という人は、まだ連隊長にもなれないような下っ端の参謀だったときでも司令官とか参謀長といった自分の上官に対して威勢のいい議論をふっかけて、怒鳴りつけたりもしていたそうです。そういうことができるのは石原莞爾《いしはらかんじ》と辻の二人だけだったと言われていますね。独特な凄味があったと。

半藤　ノモンハンの緒戦のときに関東軍司令部の参謀会議は大激論になりました。高級参謀の寺田雅雄《てらだまさお》大佐は不拡大の見地に立って、積極的な攻撃はなお時期をみるようにと慎重論を主張するのですが、辻参謀はここでこんなふうに大声でまくし立てています。「傍若無人なソ連側の行動にたいしては、侵犯の初動において、徹底的に痛撃を加え撃滅すべきである。それ以外に良策はない。また、かくすることは関東軍の伝統である不言実行の決意を如実に示すもので、これによりソ蒙軍の野望を封殺することができるのである」と、最強硬論をぶちあげました。

保阪　会議ではいさぎよい積極的な主張が好感をもって迎えられて、消極的な意見は蔑視されるのが通例でしたが、辻はどこに配属されても強硬論を唱えたと聞いています。このときは「関東軍の伝統である不言実行」というひとことがことのほか効いたのでしょうね。関東軍初代作戦班が、中央の意志に反して実行した満州事変の成功を見てみよ、ということでしょう。それこそ関東軍伝統の、〝勝てば官軍〟の思想でした。

しかし辻のもっている〝怖さ〟とも言うべき本当の特徴は、私は、そういうことよりむしろ軍官僚としての責任逃れを巧みに行ない続けたところだと思っています。陸軍という組織原理のなかでは、どういうふうに動けば得か損かを実によく知っていた。その点は服部も同様なのですが、違う点があるとすれば、服部がポジションを与えられてそうなるのに比して、辻はどこにいても責任逃れをしたという感じがしています。

半藤　たしかにこの二人は、しくじってもしくじっても、さながら不死身のごとく表舞台に舞い戻りましたね。そもそも彼らが最初にタッグを組んだのがノモンハンでした。このとき二人が合わさって、困ったことに絶妙のコンビネーションを生んでしまった。

保阪　凸凹みたいなコンビなんですよね。

半藤　そうです、凸凹みたいにピッタリはまってしまいました。智謀の服部に実行の辻、冷徹綿密な服部に積極果敢の辻。相違がかえって有無を補い合い、一つのものすごい大きな塊になってしまった。役どころとしては、まとめ役の服部に対して、辻は斬り込み隊長で、おっしゃるように、上を怒鳴りつけるなどということを平気でやるぐらいの斬り込み隊長。ところが服部は冷静な人でそういうことは一切せずに、なにか問題が起きるとともかく辻をかばうのです。また、服部がやりたくてもできずにいるときは辻が斬り込み隊長として突き進んでいく。ノモンハンの戦さが無謀な、悲劇的で無意味な戦争になってしまったのはなぜか、いったい誰が推進したのか——実は調べていくとよくわからなくなってしまうのです。いちばんの推進者は服部じゃないかと思うと、そうじゃないな、やっぱり辻かなと思うところもあったりしましてね。

司馬さんをあきれさせた稲田作戦課長

半藤　ごぞんじのとおりノモンハン事件というのは昭和十四年五月中旬から六月にかけてに起きた第一次ノモンハン事件と八月末の第二次ノモンハン事件の総称です。満州西北部のノモンハンを中心とする広大なホロンバイル草原で起きた、関東軍プラス満州国軍と、極東ソ連軍プラス蒙古軍の激戦ですが、たがいに宣戦布告をしたわけではなく、相手が国境線をまたいで領内に侵入してきたと言い合った単なる国境紛争。本来ならすぐ終ってしまうような話なんです。陸軍中央も、ソ連との国境線で戦争でも起これば大ごとですから余計なことをやってほしくなかった。

保阪　ところが満州にあって、およそ勲章に値する戦闘がなかった関東軍にしてみれば、侵されても侵してはならないということには大いに不満で、国境紛争があった場合の方針を「満ソ国境紛争処理要綱」として独自に決めてしまった。事件勃発直前のことです。もとより国境線がはっきりしていないのに一方的に線を引いて、侵入してきたらソ連軍を徹底的にやっつけろ、というような内容ですが、この要綱を実際に起案したのがはかでもない、関東軍司令部作戦課の辻政信ですよ。それを作戦主任の服部卓四郎が承認した。そして、このとき大本営の参謀本部作戦課長はというと、稲田正純《いなだまさずみ》でしたね。

半藤　ええ、そうです。司馬遼太郎さんが後年ノモンハン事件を書こうとしたとき、たしか昭和五十年ごろでしたか、稲田正純の話を聞きたいというので私と一緒に会いに行ったことがあるんですよ。けれど稲田という人は、ともかく悪いのはみんな関東軍だ、現地が言うことをきかなかったからあんなことになった、というような話しかしない。たとえば「国境線のことは関東軍にまかせていた」などというのだからやりきれない。それこそ無責任なんですよ。司馬さんはいくらなんでもあんまりじゃないかと。「こんなやつが作戦課長だったのかと心底あきれた」という司馬さんの言葉を覚えていますよ。

保阪　そうでしたか。あのとき国境線をしっかり認定することこそが大本営のやるべきことだったでしょうね。あるいは関東軍が策定した「満ソ国境紛争処理要綱」を十分に検討して判断を下すことが戦略戦術の総本山たる参謀本部の任務だったはずです。黙認と受け取られるようなあやふやな態度を見せてはならなかったのです。稲田はいざ戦闘がはじまると「一個師団くらいは関東軍の自由裁量に任せよう」と、慎重論者を説き伏せて関東軍のやり方を追認さえしていました。

半藤　そのとおりです。稲田に責任なしとは言えないのです。七月になって、国境を挟んだ小競り合いが本格戦闘に拡大しそうになると、関東軍は勝手に突っ込んでいきました。大本営に対して反発するときの発言者は明らかに作戦主任の服部中佐。そして前線部隊では服部じゃなくて辻が作戦指導をする。そういう具合に相補いながら無責任な作戦をどんどん推進していった。

保阪　最新鋭の戦車や銃砲、飛行機を次つぎに投入してくるソ連軍に対して、日本軍は銃剣と肉体をもって白兵攻撃でこれに応戦したわけですから、それは凄惨な戦いとなりました。結果的には日本側は約五万九千人が出動して、そのうち約三分の一が死傷しています。ふつう軍隊は三〇パーセントやられれば潰滅という感じですから、それ以上の大損害でした。

半藤　ノモンハンではコテンパンに負けた――そういうと怒る人がいます。死んだ兵士の数ではソ連が上回っているとかなんとか言いましてね。でも結局言い分を通したのはソ蒙軍のほうですからね。停戦協定を結んだときに国境線は向こうの言うとおりになった。ハルハ川でなくホロンバイル草原までが全部モンゴルの領土になったのですから日本軍が勝ったなどとはとても言えないわけです。

保阪　戦闘が終ったあとが、また悲劇でしたね。日本軍を指揮して最前線で戦った連隊長はほとんど戦死か自決です。歩兵七十二連隊長の酒井美喜雄《さかいみきお》大佐は「負傷後送のち自決」とされていますが、戦闘状況の訊問の終ったあと拳銃を置いて出て行かれて自決を強要されたとの説もあります。元歩兵七十一連隊長岡本徳三《おかもととくぞう》大佐はノモンハンで傷を負って入院中に精神錯乱の陸大同期生に斬殺されています。もしかしたら、そのあたりのいきさつにも関わりがあるのでしょうか。

半藤　そこのところがよくわからないんですよ。訊問は辻だけがやったのか、そこに服部もいたのかどうか……。

一部の兵士とマスコミには評判がよかった辻

保阪　北海道に合同戦友会というのがありまして、その会にはノモンハン生き残りの兵士がけっこうおられます。話を聞いてみると、辻や服部をすごく悪く言う人と、「そうではない」と、彼らのせいじゃなく大本営が悪かったのだと言う人がいるんです。

半藤　末端の兵隊さんだった方のなかには、服部と辻を擁護する人はかなりいますね。しかし、それはたいへんな誤解でして、その誤解を生じさせているのは、実は辻のキャラクターに負うところが大きい。辻という人は軍人としてかなり評判のいいところがあるんです。というのは、ほかの参謀みたいに後ろに引っ込んでいるのではなくて前線に出ていって兵隊と一緒に戦いますでしょう。ほかの参謀はそういうことはしませんからね。

保阪　兵隊と目の位置を揃えるという、確かに彼にはそういうところがありました。

半藤　それをやられちゃうと兵隊さんたちは、こんな参謀がいるのか、俺たちと一緒に戦っている参謀がいるのか、と。すごく貴い参謀のように思えてしまう。

保阪　親近感をもつのでしょうね。

半藤　それで評判がいいんですよ。しかも緒戦は奇襲戦でもありましたから日本側が優勢で、敵の戦車をボンボンやっつけて、さながら日本海海戦のごとし、と思ったかもしれません(笑)。前半だけ戦って負傷して下がった人などは、ノモンハンは勝ったと言っている。前半だけみると、まあ、そうと言えないこともない。そのときの辻は、やっぱり偉い参謀じゃないか、ということになってしまうのです。

保阪　新聞記者の書いた記事や論評を読んでも、辻をほめている人が少なくないですね。

半藤　ええ。ノモンハンの特派員だった朝日新聞の入江徳郎氏がほめています。

保阪　時事新報にいた中所豊という人もその著書で辻をほめていますね。彼が昭和二十三年に著した『日本軍閥秘史　裁かれる日まで』という本を読みますと「辻は本当に兵隊と一緒に戦った。これは陸軍の逸材だ」なんて書いている。やっぱり外からみると、新聞記者にはきちんとものを言うし兵隊と一緒に動くし、ということで評価が上がってしまったのでしょうか。

半藤　八月下旬のソ連軍の総攻撃からはじまった第二次の戦闘、つまり敵の総攻撃を受けて日本軍はほぼ潰滅状態になります。弾薬、飲料水、食糧、燃料などはすべて砲爆撃にやられて焼尽し、司令部との通信連絡も途絶して孤立したままの奮闘が続くなか、大隊長とか中隊長クラスが退却してくるんですね。そうすると辻は「待てえーっ、部下の死体を置いてくるバカがどこにいるかあ！」と怒鳴って追い返し、自分も行って死体を背負ってくるんですね。兵隊さんからみると、これは尊い方だということになってしまう。しかしながら愚将の所以は、もともよりそういうバカな作戦をやっているということでしてね（笑）。

保阪　部下の死体、といえば、参謀本部が関東軍司令官あての電報で、「ノモンハン方面におけるすべての作戦中止」を命令してからも、まだ辻は、死体の収容という名目を掲げて攻撃作戦を実行しようとしましたからね。さすがに「すべての作戦中止が大命である」として、辻のこの案が聞き入れられることはありませんでしたが。

〝正義〟のためなら手段を選ばず

保阪　それに辻は、案外謀略好きなところがあると思いますね。昭和九年の十一月事件――士官学校事件ともいわれていますが、この事件をでっちあげたのが辻でした。わざわざ陸軍士官学校の生徒、佐藤勝郎《さとうかつろう》を使って皇道派青年将校の動きを探らせますね。そして元老や重臣の襲撃計画をたくらんだとして青年将校、磯部浅一《いそべあさいち》や村中孝次《むらなかたかじ》らが逮捕されました。軍法会議での取り調べの結果、証拠不十分として彼らは釈放されますが、ご承知のとおり、この事件がやがては二・二六事件へとつながる陸軍内の派閥闘争の発端ともなっています。辻はこのとき、佐藤勝郎にそうとう過激な挑発をやらせて、磯部や村中から、まだはっきりと計画しているわけでもない暗殺計画についてしゃべらせています。辻は自分の思う〝正義〟のためなら手段を選ばず、です。どんな非道であろうが何をやってもかまわないのだと、こころから信じているようなところがありますね。

半藤　たしかに、この人にはそういうところがあるんですね。ノモンハンの戦さも、国境線を断固として守るという大方針を立てたのだから、無謀であろうが大本営がなんと言おうが、なにがなんでもがんばるのが当然だ、と。最後までそんな調子でした。辻と服部は、ノモンハンという二人でやった大失敗の事件を、戦後こんなふうに言って総括しています。

これがまた私は許せないんですがね。

辻は「戦争は指導者相互の意思と意思との戦いである。もう少し日本が頑張っていればおそらくソ連側から停戦の申し入れがあっただろう。とにかく戦争というものは意思の強いほうが勝つのだ」って、負けたのはあたかも小松原道太郎《こまつばらみちたろう》師団長の意思が弱かったせいだ、みたいな言いかたをしている。それから服部のほうは「ノモンハン事件は明らかに失敗である。その根本原因は中央と現地軍との意見の不一致にあると思う。両者それぞれの立場に立って判断したものであり、いずれにしても理由は存在する。要は、意思不統一のままずるずると拡大につながった点に最大の誤謬がある」と。これ、まるで官僚答弁ですよ。ほかでもない自分自身がやったことなのに、その言いグサからは責任のセの字も読み取れません。

保阪 ほんとうですね。エリート幕僚らしい観察と批評ではありますが、では、その不統一をもたらしたのはだれなのか、ただただ敵を甘くみて攻撃一点張りの、辻の計画を推進したのはだれなのか……。実に無責任です。

半藤 このふたりがノモンハンから得た教訓はただひとつ、「これからは北に手を出すな。今度は南だ」ということだけだったのでしょう。

保阪　辻にしても服部にしても、ノモンハン事件からまもなく要職に復帰して、太平洋戦争開戦時にはもっとも過激な開戦論者になっていますからね。

半藤　参謀にはお咎めなし、というのは陸軍の伝統なんですね。連隊長はほとんど戦死か自決。事件後、軍司令官や師団長は軍を去りますが、参謀たちは少しのあいだ左遷されただけで罪は問われませんでした。服部は、昭和十四年九月の停戦協定からわずか一年後の十五年十月に参謀本部に戻ってくる。しかも作戦班長として、ですよ。翌十六年七月には作戦課長に昇進して八月には大佐に昇進。

そして、あろうことか、台湾軍研究部員になって都落ちしていた辻を呼び戻すのです。実は服部の前任課長だった土居明夫《どいあきお》が辻の呼び戻しに猛反対すると、土居は作戦部長の田中新一《たなかしんいち》によって外にだされてしまう。その空いた席に服部が座って辻を兵站《へいたん》班長に据えた。土居追い出しには服部はうしろから手を回していたんですね。辻が服部にとっていかに肝胆相照らすパートナーだったかが窺えるエピソードです。それ以降、対ソ戦略一本槍だった大本営の作戦課が南進、南進となりました。これは許すべからざる陸軍の人事なんです。

しかし、服部卓四郎というのはなぜそこまで嘱望されていたのか……。

保阪　結局、東條英機《とうじょうひでき》の引きなんでしょうね。

半藤　ええ。うしろに東條がいるんですね。

保阪　服部が参謀本部に戻った昭和十五年七月は東條がちょうど陸相になったときで、それ以降、東條は服部を重用しその服部が辻を重用する、という構図です。

半藤　それを見て大本営の連中は「またノモンハンか」と感じたそうです。また二人でやるぞと。するとほんとうに二人でやっちゃったんですね、南進政策を。

保阪　服部と辻のコンビは、東條温情人事・陸軍派閥人事の最たる過ちかもしれませんね。

半藤　だと思いますね。服部は、十七年十二月はガダルカナル作戦を失敗していっぺん飛ばされたのですが、その実、飛ばされたわけではなく陸相東條の秘書官になっている。それでまたすぐに、一年で参謀本部作戦課へ戻ってくるのです。

保阪　これは不思議な人事ですよね。ひどい人事と言ってもいい。服部という人は東條にとってそうとう使いやすいところがあったのでしょうね。どんなやっかいなプランニングをやれと言われても、紙一枚にパッとまとめて、東條に示したのではないでしょうか。

半藤　かもしれません。

保阪　瀬島龍三《せじまりゅうぞう》という参謀もそういう有能さをもった人でしたね。まあ、それはともかく。かんじんの辻はというと、十六年七月に兵站班長となったすぐあと、九月に第二十五軍の作戦参謀としてシンガポールに赴任します。

シンガポール華僑虐殺事件という蛮行

半藤　そう、シンガポール攻略戦ですねえ……。辻政信が戦場でおこなった、拭うべからざる道義上の汚点につきあたるのは。

保阪　ええ、まさに。マレー半島上陸作戦というと、海軍の真珠湾奇襲攻撃とならんで太平洋戦争の劈頭の大作戦で、さらに昭和十七年二月十五日にイギリス軍との降伏交渉の席でパーシバル英軍司令官に対して山下奉文《やましたともゆき》中将が「イエスかノーか」と迫ったという逸話があまりにも有名ですが、辻はこのとき上長に服部を得て、立案した作戦のほとんどが採用されています。いざ対米英戦開戦となってからの南方での連戦連勝に服部・辻の得意はいかばかりだったか……。そしてシンガポールを制圧した直後からでした、あの歴史的汚点を残す抗日華僑の大量虐殺が始まったのは。

半藤　実はそのことを当時の日本兵はそれほど知らないんです。というのは、極秘に行なわれましたから。

保阪　私は虐殺事件について元兵士の何人かから話を聞くことができました。憲兵だった人が多いのですが、一様に口が重かったですね。掃討作戦という名のもとに、抗日義勇軍に加わっている華僑やその疑いのある抗日分子が何カ所かに集められて銃剣で刺し殺された。地下活動をやっていた中国人はみんな挙げたと言った人もおりましたが、実際に目撃した人たちはあまり語りたくないようでした。

半藤　とにかく捕虜を並べておいて憲兵が何も調べないまま顔を見て「お前は右、お前は左」とより分けていっぽうの人びとを問答無用で殺していったようです。日本軍ではその数六千人、華僑側では四万人と言っています。抗日華僑にはインテリ青年が多かったので、集めた中国人のなかから比較的インテリっぽい顔した人たちを選んで殺したのでしょう。抗日華僑義勇軍の兵士の数は五千人といわれていましたが、抗日運動などやっていない数多くの中国人がまき添えを食って殺されたわけです。

保阪　あれは、抗日分子が後方攪乱を行なって占領ができなくなるのを阻止するという理屈、ただ一点で行なわれた蛮行でした。この粛清計画を立案したのが辻政信その人。計画は警備司令部にそのまま示達され、その通りに実行されたというのが真相のようです。このとき第二十五軍の情報参謀だった杉田《すぎた》一次《いちじ》は「一部幕僚の専断によるもの」と自著に記していますが、「一部幕僚」は辻にほかなりません。そのことによって華僑のなかにさらなる反日戦線ができて、たいへんな抵抗を受けることになる。シンガポールには、いまでも政庁の東方に高さ百二十メートルもある「日本占領時期死難人民記念碑」という立派な記念碑が建っています。

半藤　まだちゃんとあるんですよね、我がほうの汚点の記念碑が。

保阪　それにしても、あのときの辻というのはいったい何なのでしょうか。

半藤　何なのでしょう。現場での辻は、それは容赦がなかったそうですからね。……という話を、私は辻と同じ第二十五軍の参謀だった朝枝繁春《あさえだしげはる》から聞いたことがあるんです。「本当の憲兵ではなく補助憲兵を駆りだして、辻さんが指揮をとった」と言っていました。「じゃあ、そのとき朝枝さんはなにしていたのですか」と聞いたら、「俺は怖くてその場から逃げたよ」と言っておられました。

保阪　私も朝枝繁春の話を聞いたことがあります。八月十五日の敗戦のあと、彼はすぐに大本営から満州の新京に逃れるんですね。「やっぱりシンガポールのことがあったからですか？」と聞きましたら「君はなんでそんなことを知っているんだ」と逆に聞かれまして。「いろんな本を読んで知っているのです」と答えたら、憮然として「あれをやったのは辻だ」と言いましたよ。

半藤　ぜんぶ辻がやったのだ、というのは、ほかの人からも盛んに聞かされました。

保阪　朝枝は結局シベリアに抑留されましたが、「私を助けてくれたのはソ連だ。シベリアに行ったせいで命が永らえた」と言っていましたね。もし大本営にいたら、確実にBC級戦犯で引っ張られたはずだと。それはともかく、辻という男はときに理解を超えたことをする。皇軍の最も悪いところを彼は体現しているような気がします。

半藤　もうひとつだけ辻の酷い行状をつけ加えておくならば、終戦直前の、敗走のビルマ戦線で他人にも強要した人肉食用です。かつての上司で辻をよく知る元関東軍参謀片倉《かたくら》衷《ただし》が書いています。「辻は敵を凌駕する勇気を養うため、英兵の生肉を食用に供させた……この点について、真向から筆を取って辻を書いた者は、これまでにいない。だが、いくら悪戦苦闘の戦陣中とはいえ、参謀勤務でありながら、自分ばかりでなく、他人にまでそうさせたことは、人間として私には許せない」。

保阪　いや、だれも許せないことです。

半藤　戦後は機を見るに敏というのか、連合国の追及を恐れて、坊さんに化けてすぐに潜伏してしまう。インドシナ半島や中国、そして日本国内でも潜伏していたのですが、その体験を書いた『潜行三千里』はベストセラーになっています。辻はつかまっていたらおそらくBC級戦犯として括られていたでしょうね。そして、ほとぼりが冷めた講和後に衆議院議員を四期つとめ、昭和三十四年に参議院に出馬して全国区三位当選。

保阪　彼が議員活動をしていたころ、僕は高校生でしたけれど、辻が演説で岸信介を批判したのをおぼえていますよ。「あなたはきれいごとを言っているけど、東條内閣の閣僚だったじゃないか！」という意味のことを言って威勢よく糾弾していました。「そういう自分は果してどうだったのか」という問いは、この人には生涯無縁だったのでしょう。

『大東亜戦争全史』と服部機関

保阪　僕が服部のことでどうしても腹が立ってならないのは、実は戦後の生き方にもあるんです。服部もいっさい責任を問われませんでした。

半藤　服部は、ちょうどうまい具合に責任を問われないポジションなんですね。開戦のときは作戦課長だから東京裁判は免れるし、前線に出ていないからBC級戦犯にも問われなかった。

保阪　本来なら立派な戦犯の一人ですよ。少なくとも公職追放に該当することだけはまちがいない。にもかかわらず服部は復員庁にポストを得た。「森」という仮名を使ってしゃあしゃあと復員庁の史実調査部長におさまるのです。あまりにも変わり身が早いし、節操がない。末端の兵士が生活のためにアメリカ軍の仕事をするならともかく、服部は参謀本部の作戦課長までいった人間です。自分の責任をどう感じていたのでしょうか。

半藤　見事な転身ぶりですよ。この戦史編纂の目的は、マッカーサー最高司令官の意に沿う太平洋戦争史づくりだった。上下二巻で、第一巻はアメリカ側の視点でつくり、第二巻は日本側から史実調査部のメンバーが書き下ろすことになりました。このグループが「服部機関」と呼ばれたわけですが。

保阪　この史実調査部の予算というのがGHQ内部のG2（参謀第二部）の責任者ウイロビー少将から出ていまして、つまり史実調査部は、実際には旧軍の幕僚を温存しておくための組織でもあったんですね。G2はGS（民政局）とちがって軍人が中心となっていて徹底した反共路線でしたから、いずれ日本の再軍備が行なわれるときに彼らをその指導部に入れようとしていた。服部はウイロビーにとても信頼されたんです。服部らはみんなが食うや食わずだったときにいい給料をもらって、旧軍人の参謀をつぎつぎに呼び出しては戦況を聞きただして戦史をつくった。僕は、そのとき彼らは、実は隠蔽をやったのではないかと疑っているんです。東京裁判の陸軍側被告に有利になる証拠や資料がないか聞きまわったりもしたようですから。

半藤　隠蔽はおそらくやったでしょうね。東京裁判が絡んでいるからそうとう裏があったと思いますよ。

保阪　松本清張さんはその辺を追いかけようとしていたと聞きましたが。

半藤　ええ。清張さんが倒れるその日に私は松本邸で会っているのですが、そのとき最後に話したのがこの話、「服部機関」の話でした。清張さんはもういっぺんGHQをやりたいと。要するに再軍備の問題をやりたいと言っておられました。

保阪　やはりそうでしたか。清張さんの「服部機関」研究が出なかったのはとても残念ですが、それはともかく、「服部機関」の戦史のほうも出版はされませんでした。GHQがもっていって英語版は存在すると聞いたことがあるのですが真偽はわかりません。

半藤　けれど、服部は自分の名前で昭和二十八年に『大東亜戦争全史』を出しますね。

保阪　服部という人がいかにウソつきかというのは『大東亜戦争全史』を読めばよくわかります。なんて上手にでたらめな戦史をつくったのかと驚きますよ。やっぱり軍官僚の優秀さでつくったのでしょうけれど。

敗戦から八年、戦時指導を担った将官は、絞首刑になったり銃殺になったり、自決をしたり、あるいは巣鴨プリズンの鉄格子のなかにいた。下士官や兵士は、シベリアにいたり南方での病やケガを治すのに必死になっていたり、生活と戦っていた。それなのにこの作戦参謀はGHQから給料をあてがわれてインチキな戦史を書き、おそるべき「旧軍復活案」まで書いていたのです。

半藤 いやあ、まさに無責任と言わざるをえないです。

保阪 ウイロビーはあろうことかマッカーサーに、再軍備のときの参謀総長には服部を、と推薦するのですからね。もっともこれを知ってときの首相吉田茂は激怒したわけですが。

半藤 「東條の側近で太平洋戦争の開戦に参画した旧軍中堅幹部を主体とした再軍備は、絶対に不可なり」と。当然ですよ。しかし結局服部は戦後、再軍備の最高の旗振り役になりましたね。「服部機関」が中心となって、再軍備の路線を突っ走っていった。

保阪 再軍備とか旧体制の復帰を主張する、保守の暗部に存在する人脈と言えるでしょう。この人脈が、靖国のA級戦犯合祀につながるのではないでしょうか。

半藤 そうだと思います。もしも吉田がノーと言わなかったら、日本の再軍備は全然違ったものになったはずですよ。あそこは危なかったんです。

保阪 その点、吉田茂は偉かった。

半藤　吉田がノーと言わなかったら、服部参謀総長が実現して、またしても辻をそばに呼んでいましたかな（笑）。

第九章 牟田口廉也と瀬島龍三

牟田口廉也

瀬島龍三

政治的意図で始めたインパール作戦

半藤　ノモンハンばかりではなく、無謀で悲劇的で無意味な戦さといえば、三個師団七万五千人あまりの日本軍を、飢餓と弾薬不足によってジャングルの泥濘のうちに白骨化させたインパール作戦を忘れるわけにはいきません。インパールはビルマ（現在のミャンマー）の国境線のむこう、山を越えたところにあるインドの大きな都市ですね。この作戦は昭和十九年三月に開始されますが、すでにそのころ太平洋方面では敗退につぐ敗退でしたから、常識的には「いまごろインドに侵攻してどうする」という話なのです。この作戦を推進したのが第十五軍司令官牟田口《むたぐち》廉也《れんや》中将でした。

保阪　牟田口は上長にあたる、ビルマ方面軍司令官の河辺《かわべ》正三《まさかず》中将に「閣下と本職はこの戦争の根因となった支那事変を起こした責任があります。この作戦を成功させて、国家に対して申し訳がたつようにせねばなりません」と言ったといいますね。

半藤　ええ、その話は当時新聞記者にもしています。この作戦には不人気になっていった東條英機《とうじょうひでき》内閣への全国民の信頼を再燃させるために、という政治的な意図があった。そして河辺と牟田口は盧溝橋事件のときの旅団長と連隊長でした。ビルマでこの愚将コンビがふたたび出会って最悪の大作戦を推進したのでした。

戦後に、この牟田口廉也には、私は何べんも会いました。彼は小岩に住んでいましたが、訪ねていってもどういうわけか、うちへ入れてくれないんですね。「君、外で話そう」とか言ってスタスタ歩いていってしまう。江戸川の堤までいって土手に座って話しました。

保阪　家族に聞かせたくなかったのでしょうか。

半藤　たぶんそうなのでしょうねえ。なぜかいつも土手でしたよ。お茶一杯ご馳走になったわけじゃない。だから悪口を言うわけじゃないですけども（笑）。話していくとこの人はかならず最後には激昂するんです。戦後しばらくしてイギリスからインパール作戦に関する本が出たのですが、その本に日本軍の作戦構想をほめている部分があったのです。牟田口はその論旨を力説しまして、なぜ俺がこんなに悪者にされなくてはならんのか、ちゃんと見ている人は見ているのだっ！　君たちはわかってない！　と、何べんも何べんも怒られましたよ。

保阪　そこのところをコピーして晩年までずっと持ち歩いていたみたいですね。僕はとうとう会えなかった世代ですけど、ある人からその話を聞きました。「君のところに牟田口から連絡はこなかったか」と。どうやら昭和史の研究者のところには自分から電話して、そのコピーの内容を説明しにやってきたそうです。最後のころはその話ばかりで鬼気迫るものがあったと。

半藤　たしかにそうでした。すごい勢いでしたよ。自己顕示欲の強い変わった人でしたね。インパール作戦の当時、ビルマでだれがつくったのか知りませんが「牟田口閣下のお好きなものは、一に勲章、二にメーマ（ビルマ語で女性の意）、三に新聞ジャーナリスト」という冷やかしの歌が流行ったのだそうです。牟田口の功名心の強さは当時もそうとう目立っていたのです。

インパールの生存兵士たちはどのように牟田口を語ったか？

保阪　私は牟田口には会えませんでしたが、インパール作戦に参加した元兵士にはずいぶんお会いしました。彼らには共通する言動がありまして、大体は数珠を握りしめながら話すのです。そして牟田口軍司令官の名前を出すと、元兵士のだれもが必ずと言っていいほどブルブル身を震わせて怒った。「インパール作戦での日本軍兵士の第一の敵は軍司令官、第二は雨期とマラリアの蚊、第三は飢餓、そして英印軍はやっと四番目だと戦場で話し合った」と言う生存兵士もいました。

牟田口が前線から離れた「ビルマの軽井沢」と呼ばれた地域で栄華をきわめた生活をしているといううわさは矢のように前線の兵士に伝わっていたようですし、実際に牟田口はそこからひたすら「前進あるのみ」と命令をだしていた。

半藤　しかも作戦の失敗を部下の三人の師団長たちに押し付けて、自分は責任を問われぬまま生き延びたんですから、前線にいた兵士たちの憎しみは並大抵ではないはずです。

保阪　ええ。インドからビルマへ、仲間たちの死体で埋め尽くされた「白骨街道」を引き上げてきた無念の思いは生涯消えることはなかったと思いますね。

半藤　牟田口は大敗北のあと十九年の十二月にいったん予備役にまわされますが、すぐに召集されて予科士官学校の校長になっています。戦後は二十年十二月に逮捕されて巣鴨プリズンに戦犯容疑者として入りシンガポールに移送されます。けれど罪には問われず釈放されて、帰国するのが二十三年三月ですね。

保阪　「あの男は許せない。戦後も刺し違えようと思っていた」と言った人、「牟田口が畳の上で死んだのだけは許せない」と言った人もおりました。

作戦にはみんなが反対した

保阪 そもそもあの作戦は周辺のみんなが反対しました。

半藤 ええ、全員が反対だったんです。

保阪 第十五軍参謀長の小畑信良《おばたのぶよし》がビルマ北部からのインド進入は峻険な山脈や峡谷がつづいて補給が困難だとして反対すると、牟田口は小畑をすぐに更迭してしまいます。ビルマ方面軍の河辺正三軍司令官でさえ、かなり反対していた。

半藤 それから師団長三人、佐藤幸徳《さとうこうとく》と柳田元三《やなぎだげんぞう》と山内正文《やまうちまさふみ》の全員が反対。

保阪 牟田口は三人の師団長がよほど煙たかったのか、各師団に作戦計画を示達するときに師団長を司令部に呼ばないで、その下の参謀長や作戦参謀だけを呼んで命令を下す、などというバカなことをやるのですが、とにかくみんな反対した。どだい無茶な作戦なんです。しかし本気で、英印軍を打破してあそこに拠点をつくれると思ったのでしょうか。

半藤 彼は間違いなくインパールを落とせると思っていましたね。あそこで戦争の大逆転が可能だった、というのが戦後も変わらぬ彼の持論なんです。私はインタビューしたときに、「ちょっとつまらないことを聞きますが、仮にインパールで大逆転しても太平洋方面は全部負けているのですから。それでも大逆転は可能だったのでしょうか」って、つい質問してしまいましたよ(笑)。

保阪　彼からすると、師団長三人の反対論は、「ただの弱腰」ということだったのでしょうね。牟田口には確信がある、けれど誰一人として納得していない。そういう作戦を遂行したということが僕には不思議でしょうがない。

半藤　私もそう思って、牟田口に「師団長が全員反対ということは、軍事的にちゃんとみて、成功しないということなのではないですか」と聞いたら、「三人とも無能だったから失敗したんだ」と答えましたね(笑)。

保阪　無能どころか師団長の三人はむしろそろって優秀な連中でした。師団長の一人、柳田元三は合理主義者で空虚な精神論を侮蔑していたというし、山内正文は昭和初年代にアメリカの陸大に留学してそこを十一位の成績で卒業しています。佐藤幸徳はインパール作戦そのものに不信感をもち、補給も十分でない状態で兵士を戦線に送りだすことはできないと主張していました。

半藤　すべて理知的な人たちだったから牟田口にはそうとう反感をもった。

保阪　結局佐藤の師団は、目標地点を占領して敵の反撃に耐えていたのだけれど、その後の軍からの補給が皆無で激怒して、「止まって戦え」との命令を無視して食糧のある場所に独断退去したせいで解任されてしまう。柳田の師団は作戦発起後まもなく、作戦中止を上申して解任。山内も病気で解任されています。そんなこと前代未聞ですよ。

半藤　師団長たちにしてみれば、これ以上、無残に兵を死なすわけにいかない、というギリギリの判断だったのでしょうが、牟田口にすれば、あいつらが弱腰で意気地がないために失敗したんだということなんです。でも作戦計画というのは、本来もっと合理的なものですよ。現場の人がみんな反対して、冷静に考えればあり得ない作戦がなぜ通ってしまったのか。それは東條ですね。

東條とチャンドラ・ボースの盟約

保阪　ええ、東條です。東條英機のチャンドラ・ボースに対する義理でしょう。昭和十八年の十一月に大東亜会議が開かれて「アジアの解放」を決議し、日本の国策としたにもかかわらず、お題目だけで戦略がともなわなかった。東條は当初インパール作戦に反対していましたが、牟田口が「戦えば必ず勝つ、私には自信がある」と精神論で東條にすがりました。結局作戦の遂行は、それがインド独立の後ろ盾になるという政治的判断によるところが大きかったわけですね。

半藤　問題はそこなんですね。政治的判断でこんな無謀な作戦が敢行されてはいけないはずなのですよ。

保阪　太平洋方面ばかりでなく所定の持ち場であるビルマ戦線だって、もうガタガタしていた。それなのになぜインパールに攻めのぼらなくてはならないのか……。私は、陸軍の病根は、ここに現われているのではないかと思うんです。

半藤　最大の病根が現われましたね。戦争というのは勝たなきゃ意味ないし、勝たないまでも、無謀な作戦、成立しないような作戦を敢行すべきではない。それが冷静なる軍人の基本姿勢でしょう。そこに政治判断をもちこんで無謀な作戦が採用されてしまうというのは、軍として最もやってはいけないことです。それを平気でやったんですね。

保阪　一作戦司令官でありながら、牟田口は上長のビルマ方面軍も、その上の南方総軍も、そして参謀本部をも黙殺して作戦構想を進めた。それがめちゃくちゃなものであろうと平気で推進した。牟田口が東條の威を借りていたからこそできたことです。

　反対だと思ったら最後までその意思を通す人、石原莞爾《いしはらかんじ》にはそういうところがありますが、そういう人はやっぱり東條から追われていますね。反対はするけれども東條の前では言わない岡村寧次《おかむらやすじ》や、東條の言いなりになる後宮淳《うしろくじゅん》や冨永恭次《とみながきょうじ》なんかが幅を利かせるんです。こういう連中が軍部の主役になっていった。つまり統帥というのは東條の統帥になってしまったということだと思うんですね。インパールにおける牟田口の専横はその典型例でした。そのことはそのまま東條の思い上がりと専横です。東條が天皇にどういう報告をしたのか、そして天皇は何と言ったか、僕はこのあたりから東條は天皇に戦況を正確に伝えなくなっていると思う。東條人事のおかしさは天皇に見抜かれていますよね。

二・二六事件後の、粛清人事の恨み

半藤　歌に歌われた、牟田口の〝勲章好き〟、武勲をあげたい、というモチベーションには二・二六事件がおおいに関係しています。言い換えれば二・二六事件が彼の運命を狂わせたとも言える。この人が大佐になったのは昭和九年です。大佐になっても頑として主張を変えず皇道派のひとりと目されていたため、事件後の人事刷新で支那駐屯軍の歩兵第一連隊長に転出させられた。これは牟田口にとっては屈辱的な人事だったはずです。

保阪　だからいつか大功績をあげて中央へ戻りたいと牟田口は思った。見返してやりたいと。彼には「俺はもっと真ん中を歩ける男なのだ」という、ものすごい自負があったのでしょうね。

半藤　あったんですね。ところが皇道派だということで外へ外へとはじかれてなかなか中央へ戻れない。まさに盧溝橋事件のときは、いまこそ大勲功をあげたいと思ったのですね。「俺の邪魔をするやつは許さん」という恨みにも似た思いが基本にあるから、この男はいつでも動機が不純なんです。盧溝橋だって停戦協定ができているにもかかわらす、連隊長として突撃を命じたのは牟田口ですからね。

保阪　あれは完全に火付けでした。

半藤　盧溝橋の一発とよく言いますけど、一発じゃない。

保阪　いわゆる一発目はたいしたことなく終りました。

半藤　終ったそのあとで、停戦協定が結ばれて、牟田口が「突撃！」とやらなければ収まっていたかもしれません。そういう意味では牟田口は確信犯です。

保阪　そうですね。功を焦る皇道派の悲哀みたいなものもあったのでしょうか。

半藤　どうもあったみたいですね。

保阪　陸軍士官学校二十二期だと、中央にいて、次官どころか局長クラスのポジションにいてもおかしくないわけですからね。やっぱり彼には出世コースから外されたことに対する恨みが相当あったんでしょう。

半藤　だと思います。参謀本部庶務課長になったのが昭和八年ですが、十一年に追い出されてそれ以来、中央には戻されていない。統制派の天下のもとでは「お前は外回り」とばかりに。

保阪　二・二六事件後、「皇道派ないしその系列の者は、東京から何キロ以内には絶対入れない」と実際言われたようですね。まあ、所払いですね。それで彼は焦った。

半藤　「俺よりも無能なやつが中央にいた」ということを、後年盛んに言っていました。

保阪　牟田口が死んだのは昭和四十一年ですから、享年七十七ですか。ずいぶん長生きをしましたね……。イギリス人が書いた本のコピーを、老いてなお寿命尽きるまで大事に持ち歩いていた牟田口の姿は、さながら武勲の魔物に取りつかれた亡者のようです。

参謀本部を動かなかった男

保阪　おかしな人事だなあ、と首をかしげてしまうのは瀬島龍三《せじまりゅうぞう》の場合もそうです。昭和十四年の十一月に参謀本部作戦課にきて、二十年の七月までまったく動かなかったというのはたいへん珍しい。彼は二十七歳から三十三歳までの六年間、ずっと大本営の中枢のセクションにいました。それこそ全師団の戦備をほとんどそらんじていたとか、どんな報告であっても紙一枚にまとめる能力に長けていたというような、優秀で便利な男だった。そうであったにせよ、六年というのは異常です。

半藤　みんな中枢と前線を二、三年単位で動きます。たいがい大本営に二年ほどいて、方面軍に転出して再び戻るというコースを歩みますからね。

保阪　彼は元首相岡田啓介の義弟、松尾《まつお》伝蔵《でんぞう》の娘と結婚していて、つまり岡田と縁戚にあったことは関係がありますでしょうか。

半藤　もちろんそれはあるでしょうね。

保阪　あるいはなにか別の要素もあったのか、彼だけは動かなかった。でもずっといるということは、逆に言うと重要視されてない人間だったともいえる。「資料をつくる便利なやつ。あいつはそういうやつだよ」というようなことだったのかもしれない、とそんなふうにも思うのです。本当のところはわかりませんが。

半藤　そこは私もよくわからないところです。

保阪　この当時、参謀本部には東條人脈が根をはっていて、作戦部の要職にいたのが東條のお気に入りの服部卓四郎《はっとりたくしろう》と辻政信《つじまさのぶ》でした。瀬島はどうやら辻に目をかけられていたようですね。

半藤　大本営の作戦参謀として席をならべていた朝枝繁春《あさえだしげはる》に聞くと、「要するに瀬島は茶坊主だ」と言っておりました（笑）。瀬島は作戦参謀時代の初期、参謀総長の杉山元《すぎやまはじめ》について宮中への上奏の鞄持ちをしていました。杉山は天皇陛下にのべつ怒られてばかりいるので、瀬島を連れていって、車のなかでたっぷりレクチャーを受けてから上奏に臨んでいたようです。天皇から質問があったらすぐに答えなければならないから奏答問答の資料をつくったのも瀬島。上奏綴りという資料がいまも防衛省防衛研究所戦史部にありますが、この上奏綴りを彼が書くんですね。天皇陛下に差し上げる報告書のことですが、これをじつに上手に書いたそうです。

保阪　瀬島の文章は並外れて陸軍の上層部には愛されました。つまり彼らに気に入られるように書いた。どんな負け戦も勝ち戦にかえてしまうような文章力に秀でた者が、評価されたのですね。日本陸軍の組織原理に適合したのでしょう。だから茶坊主か（笑）。しかし彼は戦争の現場を知らないんです。まったく戦場を知らない不思議な軍官僚ですよね。

半藤　ですから「あいつの立てた作戦なんてものは、砂上の楼閣もいいところだ」と何人かの人が言っておりましたよ。

保阪　ではいったい誰がいちばん瀬島を知っているのかと突き詰めていったら、じつは誰も知らないのではないかと思うほどです。

半藤　その感じはよくわかります。誰もよく知らなかったのかもしれません。

なにかが出てくることに怯えた瀬島

保阪　瀬島の上官の元関東軍作戦主任参謀で、シベリアに抑留された草地《くさち》貞吾《ていご》に僕は四、五回会っています。「こういう資料があるのを思い出した」と草地さんから電話がかかってきてお会いしたこともあって、つまり彼はとても協力的に対応してくれていたのですが、あるとき瀬島の話を出したら、「彼は優秀だよ、朔北会（関東軍関係者でシベリアに長期抑留された軍人たちの集まり）でもいろいろやってくれるし」というような、あたりさわりのないことしか言わない。敗戦直後からのシベリアで、瀬島をもっとも近くで見ていた人なのに当時の具体的な話やエピソードなどは一切言わないんです。昭和二十年八月十九日のソ連からの停戦示達の場で、日本側が捕虜の抑留と使役を自ら申し出たという、いわゆる密約疑惑についてもしつこく聞いたのですが、「いや、そんなの知らない」と草地さんはとりあってくれなかった。でも最後に、瀬島のことを、「僕はあの男を信用していない」と遠回しに言ったんです。彼が死んだのはそれから間もなくでしたが。

半藤　ほう、草地は瀬島を信用していないと言いましたか。

保阪　「収容所でソ連の将兵にへつらう姿を見ているから」という意味のことを言いましたね。これは仄聞《そくぶん》と言うか、間接的に聞いた話なのですが、草地さんが死ぬとすぐ瀬島から奥さんに電話があって、「葬儀は一切、私がもちます」と言ったそうです。そして、「どんなものが残されていますか」と聞いたというのです。「何か資料などがありましたら、私のほうでしかるべく大切に管理します」と。けれど奥さんは「私ども身内で、密葬にしますから」とその申し出を断った。……つまり瀬島氏は怯えていたんでしょうか。

半藤　なにかが、自分を脅かすようななにかが出てくるのではないかと怯えたのでしょう。

保阪　この話は草地さんの奥さんが、ある大学の研究者にふと漏らした話です。その研究者は僕と一緒に草地さんに会ったりしていたのですが、あるとき奥さんが問わず語りに言ったと言っておりました。瀬島はこのように、草地さんの葬式は一切もつと言いながら、そのいっぽうで元情報参謀の、堀栄三《ほりえいぞう》の葬儀のときには電報一本よこしませんでしたからね。

電報握りつぶし事件と満州赴任の背景

半藤　堀栄三は、捷号《しょうごう》作戦（大本営はサイパン島失陥後の昭和十九年七月二十四日に、米軍のつぎの侵攻に備えて改めて防衛線を引き、決戦態勢を固めることになって策定した作戦計画）のもとで行なわれた台湾沖航空戦での赫々たる戦果は事実ではなく、これは点検の要ありと大本営に出張先から電報を打った情報参謀ですね。けれども誤った勝利の情報を大本営は確認、訂正することなく、その情報をもとにフィリピン島決戦をレイテ決戦に作戦変更して日本軍は大敗北を喫したわけですが、堀の、この重要な電報を握りつぶしたのが瀬島でした。

保阪　瀬島は捷号作戦起案の中枢スタッフで、この作戦によって敗色の戦況を打開しなければならない立場だったわけですが……。まあ、それはともかく、堀栄三の葬儀に弔電をよこさなかったことをなぜ私が知っているかといいますと、当時ある商社におられた堀の息子さんから、追悼の辞として親父の業績を述べてくれないかと頼まれましてね。それを引き受けて私はお葬式に参列させていただきましたので、どんな人から電報がきたかがすべてわかったのです。瀬島からはきていなかったですね。瀬島は電報握りつぶし事件を、死ぬまで認めませんでしたが、僕はやっぱり彼は握りつぶしたと思っています。堀さんはその事実を裏づける証言をした人でした。

半藤　たぶん瀬島は握りつぶしたのでしょう。私が瀬島の茶坊主ぶりというのを「ああ、これか！」と思い知ったのは、敗戦まぎわの昭和二十年七月に、参謀本部から出て関東軍参謀として満州に赴任した、その理由がわかったときです。つまりあれは竹田宮恒徳《たけだのみやつねよし》中佐の代わりに行ったのですね。なぜ宮さまを東京へ戻さなきゃいけないかというと、関東軍で竹田宮は七三一部隊の担当参謀だった。関東軍においては名前も変えて宮田参謀といっておりましたが、ソ連軍はわかっていましたから、いちばんはじめに逮捕される可能性があった。だから竹田宮さまは日本本土に戻しておいたほうがいいということになり、その代わりに瀬島を出すことになったといいます。

瀬島を悪く言う人は、敗戦になれば責任問題が起こるから、それから逃れるために行ったのだ、とか、本土より満州のほうが安全だと思って行ったのだとか言いますが（笑）、まあ、いずれにしても関東軍へ行った。

大事なのはそこから先。ソ連が侵攻してきた。そのとき瀬島がいちばんはじめにやったことは何かということです。瀬島は飛行機を一機用意して、竹田宮の夫人、そして子供さんたちをひとまとめに乗せて一気呵成に日本へ帰国させたのですよ。竹田宮の母は明治天皇の第六皇女常宮昌子内親王。つまり竹田宮は昭和天皇の従兄弟にあたる人です。このとき瀬島は、皇室に最大の恩を売ったことになる。「もし俺があのときの関東軍の参謀だったら」と仮定するとどうだったか。たぶん気が回らなかったでしょうね（笑）。作戦参謀なんですから敵のソ連のほうばかり向いていたはずですよ。でも瀬島はちゃんと後ろを向いていました。

保阪　なるほど、そういうところがやっぱり、彼が生き延びたコツなのでしょうね。

瀬島龍三が果たさなかった責任

保阪　さて、瀬島は責任が存在するポジションにはいないから、昭和十四、五年から開戦のころまでの責任なんて彼に問う必要もありません。瀬島の問題は、語るべき史実をきちっと言わなかったということです。

半藤　言うべきだったことというのは、大きいところだけを言うと、さきほども話にでた台湾沖航空戦の電報握りつぶし事件と、ジャリコーヴォでの八月十九日のソ連軍との停戦交渉で何を約束したのか。そして、ソ連を仲介にする和平の下工作……この三つですね。ソ連に和平の仲介を依頼する下工作というのは、わたくしが瀬島に「死ぬ前にこれだけは話してくれ」といちばん言いたかったことなのですが。

瀬島は十九年の十二月末から二十年二月にかけてモスクワを訪れています。当人は、参謀次長秦彦三郎《はたひこさぶろう》中将の命でクーリエ（伝書使）として諸連絡で行ったにすぎないと言うのですが、そんなバカな。何か特別な使命があったに違いないのです。偽名で背広姿で行ったんですよ。私は、その件について聞いたことがあります（「文藝春秋」平成二年九月号）。そこのところをご紹介しましょう。

半藤　（鈴木内閣のソ連仲介の和平工作を瀬島さんは）ご存知だったんじゃないですか？

瀬島　私は知りませんでした。戦後、いろいろの話を聞いたり資料を見て判った限りでは、ソ連仲介案は、重臣が加わった国の最上層部だけでやっていたことのようですね。参謀本部でも、それに関わったのは参謀次長までで、部長以下は無関係だと思います。

半藤　本当にご存知なかったんですか？

瀬島　全く知りませんでした。和平の考えを持ち、鈴木内閣を陰でつくった、陛下のご信任が厚い岡田啓介は私の伯父になります。その岡田に新宿の角筈の岡田家で月に一回会っていましたが、その話は一切出ませんでした。

日本政府は二十年六月からポツダム宣言受諾直前のタイミングまで、戦争終結の仲介をしてもらうべく対ソ交渉を真剣に進めていました。外相の東郷茂徳も首相の鈴木貫太郎も元々ソ連に信はおいていなかったし、ソ連も四月には日ソ中立条約を延長せずと言ってきているのに、なぜソ連に無駄な期待を寄せ続けたのか——これも大いなる謎なのです。けれど、もし瀬島の厳冬のモスクワ行きの任務が仲介の下工作で、その見込みありとする楽観的な見通しを成果として報告していたとするならば平仄《ひょうそく》が合います。

保阪　いずれも語りうるポジションにいたのに語らなかった。

半藤　言わない理由はなにかと考えてみると、彼の保身の裏には、例えば八月十九日のジャリコーヴォでのソ連極東軍司令部との話し合いは、〝停戦交渉〟と名づけたために彼自身がジレンマに陥ってしまったという側面がありますね。

保阪　瀬島氏は、へんな言葉の使い方をして、昭和史に詳しい者に食いつかれる素地を、自分でつくってしまいました。例えば「八月十九日の話し合いは停戦の交渉などではなく、示達《じたつ》されたのです」といえば説明がついたのです。それを大物ふうに、将兵たちのためにさも責任ある交渉をしたかのような話にしてしまったものだから、おかしくなってしまった。

半藤　たぶん彼には自負があったのでしょうね。俺は歴史に残るすごいことをやった人間なのだという。だからちょっとは自慢話をしてみたいのだけれど、あんまり言うと責任を問われてしまうから、適当であいまいな言い方ばかりして、結局ジレンマに陥ってツジツマも合わなくなってくる。

保阪　全抑協（全国抑留者補償協議会）の会長の斎藤六郎（故人）は、たびたびソ連に足を運んで貴重な資料を探し出しています。あるとき彼は、シベリア抑留をていねいに調べて研究をしているアカデミーの旧軍人と知り合って、彼の原稿をもって帰った。東京外大の学生グループに訳させて本にしようとしたのです。するとそれを瀬島さんが聞きつけて、見せてくれというので入稿直前に見せてあげたのだそうです。そのあと原稿が印刷所に渡って本になった。その本を読んだある新聞社の記者から斎藤のところへ電話がかかってきて、「斎藤さん、ソ連の研究者でさえ、関東軍総参謀長の秦彦三郎は八月十九日のジャリコーヴォでの停戦交渉のとき、ちゃんと日本軍の将兵をしっかり保護してくれ、食糧を十分に提供してくれと主張したと記してるじゃないですか」と言ったんだそうです。ちょっと待てと。東京外大の学生が訳した文面を見ると、そんな文章は入っていなかったというので、斎藤六郎は調べたんです。そしたら入稿原稿に瀬島が手を入れていた（笑）。

僕は、瀬島が手を入れたその生原稿を見せてもらってびっくりしましたよ。たしかに元の原稿に加筆されていました。「たしかに給養、保養については保証するよう申し入れがあった」と。

半藤　それはソ連極東軍総司令官のワシレフスキーが言っていることになっているのですか。

保阪　ええ、それはワシレフスキーがモスクワのスターリンに打つ電報文なのです。しかもそのパラグラフには「瀬島参謀の光と影」という小見出しがついていたのですが、「瀬島参謀の苦悩」に変わっていた（笑）。のみならず「瀬島参謀」には「いかに有能といえども」という形容節を自分でつけている（笑）。ウソのような本当の話です。

実は原稿に手を入れたあとに、瀬島から斎藤に書簡がきていたんです。それも見せてもらいましたが、「この本はなるべく一般公開してほしくない」とありました。「一般公開して私に取材がきても一切答えない」と。そして「事実関係で違っていたところは直しておきました」と書いてありました（笑）。ソ連の研究者がソ連の資料を見て書いたのだから勝手に直していいわけはないのです。瀬島という人はこういうことを平気でやるんですよ。僕はそのとき、この人とは普通に話しちゃいかんのだと思いましたね。

半藤　インタビューしても、核心にはまったく答えませんでした。ひっきりなしにタバコを吸うんですが、ある種の質問をされたときだけタバコをもつ手がちょっと震えた。それを見て私は、「あ、この質問はいやなところを突いているな」とわかりましたよ（笑）。

保阪　僕は二日間。四時間、四時間、計八時間ホテルでインタビューをしたのですが、そのときカレーをご馳走になりましてね。食べているときに何か質問したら、瀬島の手からカタンとスプーンが落ちた。僕は手がすべったのかと思っていたら、いっしょにいた編集者が、そのあとで「落とすときに手が震えていましたよ」と言っていました。そういうところは正直なのかもしれません。まあ、いずれにせよ、瀬島は兵隊の部下をいっぺんももったことがないから兵隊の息吹きを知らない。戦闘も知らない。政策にコミットはしたけれど、戦争は知らなかった、と言えるのではないでしょうか。

半藤　戦争なんか全然知らない。アメリカもイギリスも知らなかったのじゃないかな（笑）。ことによったら何も知らなかったのじゃないかしらん。

保阪　瀬島を知るある参謀は「国家の一大事と自分の点数を引きかえにする軍人です」と評しました。僕は、彼を「公」がなく、「私」の人だと思いますね。

第十章 石川信吾と岡敬純

岡敬純

石川信吾

対米強硬派の青年士官

半藤　私はこのふたりには両方とも会っていません。正直いうと、私が昭和史にのめり込んだ当初はふたりの名前さえ知りませんでした。しかし石川信吾《いしかわしんご》という名前が突然耳に入ってきた。ある人から「石川信吾という人をお前は知っているか」と聞かれたのです。石川は海軍きっての政治軍人で、この男をはずして海軍を語っても意味がないと。「米内光政《よないみつまさ》、山本五十六《やまもといそろく》、井上成美《いのうえしげよし》のことをいくら語ったって海軍を語ったことにはならない」と言われまして（笑）。なるほど海軍は少し見なおす必要があるぞ、というので調べ始めたのです。

保阪　このふたりも無責任な将の一員に是非とも入れておきたいということですね。

半藤　そういうことです（笑）。岡敬純《おかたかずみ》は海兵三十九期、大正十二年に海大を首席で卒業しています。四歳年下の石川は海兵四十二期、海大を昭和二年に卒業していますが、そろって山口県出身です。また、中学（東京目黒・攻玉社）の先輩後輩の間柄でもありました。

保阪　海軍は出身地や出身学校の先輩後輩のつながりが強かったようですね。海軍強硬派の親分、末次信正《すえつぐのぶまさ》も山口県の生まれです。

半藤　岡と石川は、とくに石川はこの先輩たちに可愛がられ、山口出身の外交官（のち外相）の松岡洋右とは昵懇でした。そして岡・石川は、昭和五年のロンドン軍縮会議いらい、条約に賛成する条約派と、これに反対する艦隊派に分裂した海軍のなかにあって、艦隊派の中核として対米強硬路線の海軍政策を推進していく。ところが二・二六事件後の粛軍人事は海軍にも影響を及ぼした。陸軍の皇道派が一朝にして勢いを失うと同時に、真崎甚三郎《まさきじんざぶろう》や荒木貞夫《あらきさだお》ら皇道派とよしみを通じていた加藤寛治《かとうひろはる》、末次信正ら、艦隊派の流れをくむものにも自粛が強く要請されたわけです。政治的に動いていた石川はとりわけ目立つ存在でした。処罰罷免、つまりクビになりそうだったところ、それをきわどく救ったのが岡だった。

保阪　岡敬純というひとは、地味であまり目立たない軍人だったようですが、昭和十四年の日独伊三国同盟をめぐる紛糾のときばかりは、海軍中央にいた米内・山本・井上の首脳トリオを向こうに回し、同盟賛成論を頑強に主張した急先鋒の一人でしたね。

半藤　そのとおりです。山本・井上が、三国同盟は対米英戦争につながると、断固反対して同盟問題はいったん雲散霧消したのですが、海軍部内に深い亀裂を残しました。首脳三人に対する誤解と不信が残った。三人が海軍中央を去ると、ですから歯止めがゆるむどころか反動が起きてしまった。では岡は、というと、その後順調に出世しまして、昭和十五年十月十五日、軍務局長になり海軍政策の中心に身を置くことになります。

南部仏印進駐を推進した第一委員会

半藤　新任の岡局長は、陸軍にひきずられることなく自主的に国防政策を策定しようと、新設の政務機関、軍務局第二課をつくります。その課長におさまったのが石川でした。実は海軍省人事課は猛反対だったんです。「石川大佐は〝不規弾〟の確証のある人物である。その性格からみて、二課長のような重要配置におくのは危険きわまりない」と。

保阪　不規弾というのは、一斉射撃で飛び出した砲弾のなかの、ときにあらぬ方向へ飛んでいく弾のことですね。

半藤　石川はまさしく昭和海軍が生んだ不規弾でした。すったもんだのあげく、結局岡軍務局長の是非にとの要望で人事局も折れて石川が二課長に就任。そして海軍中央は対米戦争への有事に備えて人事や機構も整備を進め、そして昭和十五年の暮れにできたのが「海軍国防政策委員会」でした。

保阪　この委員会は、つまるところ〝太平洋戦争への道〟を押し開いていくための委員会でしたね。第一から第四まで四つの委員会によって成っていたのですが、その中心となったのが第一委員会。これが国防政略や戦争指導方針を担当しました。委員は、海軍省から高田利種《たかだとしたね》一課長と石川二課長、軍令部から富岡定俊《とみおかさだとし》一課長、大野竹二《おおのたけじ》戦争指導部員の四大佐。幹事役として、藤井茂《ふじいしげる》、柴勝男《しばかつお》、小野田捨次郎《おのだすてじろう》の三中佐。これが全部、対米強硬派なんですよね。軍令部と海軍省が一体になって、対米強硬派が勢ぞろいしてしまった。この機関のことを、のちに井上成美が「百害あって一利なかった」と断じています。

半藤　ええ。第一委員会が発足したのちの海軍の政策は、ほとんどこの委員会によってつくられました。中心は政策担当の石川と作戦担当の富岡定俊で、陸軍との連絡もこのふたりが当たったようです。

　例えば十六年七月の南部仏印進駐。これをやれば、アメリカは必ず強硬な戦争手段で応じてくるに違いないという判断を陸軍はしていました。南部仏印進駐はやりたくない、という陸軍を、無理やり押しきったのは海軍の第一委員会だということがだんだんわかってきた。しかも岡敬純と石川信吾こそが、その推進者だった。それを高木惣吉《たかぎそうきち》さん（元海軍少将。太平洋戦争半ばに海軍省教育局長に補職、早期終戦を模索した）にお聞きしたことがあるんですよ。そうしたら高木さん、あの穏やかな人がキッとなって、「私はそんなことは認めませんッ」と、このときだけは怒った。これはなにかあると思って調べたら、高木さんも委員会のメンバーでした。

保阪 そうでしたか。あの人は非常に良識的な軍人でした。

半藤 たしかに良識派ですが、第四委員会の一員だった。「単なる同志の集まりでした」、というようなことを高木さんは言っておられたが、でも違いますね。陸軍の人に聞きますと、「南部仏印進駐は間違いなく海軍の第一委員会の推力によって決まった」と言うのです。これはやっぱり石川信吾という人を調べなくてはいけないというので調べていったら、やはり大変な男でしたねえ。

三国同盟締結前と後の石川信吾

半藤 例えば三国同盟締結のときに、孤軍奮闘で反対している吉田善吾《よしだぜんご》大将に、まさに匕首突きつけて殺さんばかりの勢いで意見具申したのが、どうやら石川信吾なんです。結局、吉田善吾はノイローゼで倒れてしまったということになるのですが、自決を図って未遂に終ったという説もあったりする。いずれにしろ、第一委員会を中心とする人たちが三国同盟締結のために吉田善吾を倒したということは間違いない。同じく三国同盟に強く反対していた井上成美のもとにも「宣言」といった奉書を送りつけています。そういうことまでやったんですよ。これは全部、長州出身者のしわざでして、そこから私の長州嫌いが決定的になりました（笑）。しかもみなヒトラー好きのドイツ賛美者でした。石川はこう言ったそうですよ。「ナチスはほんのひと握りの同志の結束で発足したんだ。われわれだって志を同じくし、団結さえすれば、天下何事かならざらんや」と。

保阪　石川信吾は昭和三十五年に『真珠湾までの経緯――開戦の真相』という本を時事通信社から出しています。それを読んでみると、さすがに「太平洋戦争は自分が起こした」とは書いていないものの、自分がかなり中心にいたような書き方をしている。僕はその本を読んだあと、海相時代の米内光政の秘書官だった実松譲《さねまつゆずる》に、第一委員会について尋ねたことがあります。すると「君は石川信吾のことを聞いているのか」と。そうですと答えたら、「あの男は、海軍省の前までクルマで出勤してきて、夏などは降りるや白い背広をパッと羽織ったりしていたよ」と。石川信吾は「キザな男だと嫌われていた」と言っておられました。

半藤　どうもそうらしいですね。

保阪　そして開戦までの第一委員会というのは、確かにすごい力があったということを、彼は盛んに言っていましたね。実松さんはアメリカから帰ってきて（昭和十四年十二月に渡米。米大使館付武官補佐官を経て十七年八月に帰国）、軍令部で翻訳を一生懸命やるのですが、戦争が始まってからというもの、石川はすっかり影が薄くなっていたというのです。

半藤　確かに戦争が始まってからはあまり表に出てこなくなりました。

保阪　第一委員会というのは、中堅幕僚が委員会をつうじて橋渡しをしたことによって、軍令部と海軍省、それぞれの組織を破壊してしまったとみるべきではないかと思うのですが。

半藤　確かに、そういう部分はあったと思いますね。しかし、それくらい簡単に壊されてしまうほど海軍にはきちんとした組織がなかった。だからこそ陸軍に振り回された、とも言えます。

海軍の予算を取るために賛成した三国同盟

保阪　これはよく出る話ですが、三国同盟締結には陸・海軍の予算分捕り問題が関係していた、と。この辺はどうなのでしょうか。

半藤　陸軍には服部卓四郎《はっとりたくしろう》とか武藤章《むとうあきら》とか、そういう有能な官僚がいましたので、どんどん予算をとってくるんですね。いっぽう海軍はいくらもとれない。私が情けないと思うのは、三国同盟締結のとき、海軍が陸軍の強い主張に譲歩した最大の理由がお金だったことです。私の持論ですが、日本が対米戦争に向かう引き返し不能点が、この三国同盟締結だったと思います。最終段階で海軍は陸軍に「われわれは陸軍の言うように三国同盟を認める。その代わりに予算をわれわれの言う額で通してくれ」と要求を突きつけ、陸軍がそれを了承した、といういきさつがありました。

いざ戦争となってくると、海軍は陸軍と違いまして出師準備というのを早く実施しなくてはなりません。三国同盟締結前に海軍は出師準備に着手するのですが、すぐにあれも足りない、これも足りないということがわかってくる。陸軍ががっちり押さえている予算をこっちへ少し分捕らないといざというとき間に合わないというので、三国同盟も、予算をとるためにOKしてしまうんですね。予算を獲得したとなれば、もう少ししっかりした組織をつくって戦争準備を実行しなくてはならないという事情もあいまって、「海軍国防政策委員会」はつくられたわけです。

だらしのない海軍のリーダーたち

保阪　そして三国同盟が締結されると日米開戦が避けられない状況になる。海軍大臣は昭和十六年十月に及川古志郎《おいかわこしろう》から嶋田繁太郎《しまだしげたろう》に替わりますが、嶋田はなんでも東條英機《とうじょうひでき》の言いなりで、海軍内部でも「東條の男めかけ」とか「東條の腰巾着」などと散々な言われようでしたし、軍令部総長の永野修身《ながのおさみ》も陸軍とはナアナアで開戦論者の伏見宮《ふしみのみや》や幕僚のいいなり。そうとう指導力に欠ける人が開戦時の海軍トップでした。この嶋田と永野は積極派ではないんですよね。かといって止めることもしないでずるずると開戦に引きずられていきました。

半藤　永野のごときは「いまの中堅クラスがいちばんよく勉強しているから彼らに任せる」などと言っていました。「中堅クラス」とは軍務局長の岡敬純少将、作戦担当軍令部一課長の富岡定俊大佐、軍務局一課長の高田利種大佐、そして二課長の石川信吾たちのことです。柴勝男、藤井茂なんかも入りますね。上に立つ人がそうなのですから、彼ら中堅クラスは本当に好き放題だったんです。

保阪　山本五十六は、比較的早い段階からそのことをとても憂えており、石川が南部仏印進駐を豊田貞次郎《とよたていじろう》次官に進言しているのを知ると、及川海相に会って「はやく石川をクビにしろ」と言ったそうですね。ところが実際は切るどころではなかった。

半藤　第二課の部下だった中山定義《なかやまさだよし》という海軍の中佐に会ったときに、彼は石川のことを

「海軍のなかのただ一人の政治的実力者を自任し、巨大な陸軍の政治力に立ち向かおうとする石川の姿勢は、颯爽たるものがあった」と言いましたね。「いやあ、カッコよかったんだよ、君」などと。けれど〝颯爽として〟石川が樹立した政策は、まごうかたなき無謀な戦争への道だったわけですから、なにをか言わんや、ということです。

岡と石川はそのとき責任を感じたか

保阪　昭和十六年七月末、日本は石川の描いたシナリオどおりに南部仏印進駐を実行しました。するとアメリカはこれに即応して、在米日本資産凍結、さらに石油の全面禁輸という峻烈な政策を発動するのですが、まさかそんなことになろうとは、岡も石川も想像だにしていませんでした。そのとき岡敬純と石川信吾の受け止め方は分かれますでしょう。岡敬純はひどく弱気になりますね。

半藤　岡は「しまった」と思ったでしょうね。陸軍と張り合うために石川といっ〝不規弾〟の政治力に頼りすぎて戦争へと押しやられ、ついに国家を不規弾と化してしまった……と、思ったかどうかはわかりません。しかし岡は東京裁判の海軍の三被告となりましたね。軍令部総長の永野修身と海軍大臣嶋田繁太郎、そして軍務局長の岡敬純。こうならべると岡だけだいぶ格が落ちるようにも見えますが、なかなかどうして、責任の重さでは十分肩を並べうる、と私は思います。

保阪　いっぽう石川信吾は、開戦時は平然とうそぶいて言ったそうです、「当然あるものと覚悟していたさ。対米戦をやるなら、今年の秋だと早くから確信していた。石油は俺たちの生命である。その息の根をとめられたら、戦争さ」と。

半藤　終戦のとき、石川は海軍運輸本部長として東京にいましたが、天皇の玉音放送を聞いたあとで「この戦争は俺が始めたんだ」と言った、と当時の部下だったある大学教授のエッセイで読んだことがあります。老耄して名を忘れてしまいましたが。「国を滅ぼした元凶として責任を痛感する」とそのあとに続けたとは残念ながら書いてありませんでしたが……。世間には海軍善玉説が流布していて、米内、山本、井上ばかりがもてはやされますが、実際問題、あの人たちは脇で、海軍の本質はこっちなのですよ。

海軍乙事件に見る海軍の病根

保阪　海軍の本質、あるいはその病根としてもっともわかりやすい例を挙げるならば「海軍乙事件」でしょうね。昭和十九年四月、福留繁《ふくとめしげる》参謀長の乗った飛行機が墜落して、フィリピンゲリラに拘束されて、暗号書や作戦書類が奪われるという事件がありました。その後解放されて帰国した福留は、海軍次官の沢本頼雄《さわもとよりお》大将ら海軍首脳から事情聴取を受けるのですが、本人は容疑を強く否認して、結局機密書類紛失の失態は不問に付されてしまうんですね。事件のすぐあとの六月に、福留は第二航空艦隊司令長官に栄転しています。

実際は、機密文書は米軍の手に渡り、その後の作戦遂行に甚大な影響を与えていました。暗号書類は戦後公開されたアメリカの公文書の中から発見されています。「あ」号作戦といわれたマリアナ沖海戦に関しては、参加する兵力、航空機や艦船の数、補給能力、指揮官の名前までもが米軍に知られるところとなって、一方的な大敗北を喫する事になってしまった。

半藤　福留は終始一貫否定して、戦後も、米海軍やフィリピンゲリラの証言があったにもかかわらず死ぬまで乙事件で機密書類が奪われたことは認めなかったようですね。

保阪　問題はこのときの免罪のしかたです。事情聴取には、中沢佑《なかざわたすく》とか伊藤整一《いとうせいいち》とか、かつて福留の下にいた人間に当たらせているのですが、そんなことで究明などできるわけがないのです。海軍上層部の事なかれ主義は、仲間をかばうことと引きかえに責任をうやむやにしました。

半藤　海軍というのは本当に〝仲良し海軍〟なんですよね。ですから、誰かの責任を追及するということは一切しない。ミッドウェー海戦に負けようが、あそこで負けようが、ここで負けようが、責任を追及するのはやめておこう、と。

保阪　仲間うちのインナーサークルみたいな世界だけでガチッと利害を守ろう、という体質なのですね。

半藤　だからよく言われるんです。「海軍は、海軍があって国家がない」と。いまの官僚機構と同じですね。

第十一章

特攻隊の責任者
——大西瀧治郎・冨永恭次・菅原道大

大西瀧治郎

菅原道大

冨永恭次

特攻作戦、発案前夜

半藤 さて、海軍乙事件の福留繁《ふくとめしげる》参謀長の名前がでたところで、「特攻」という、世にも罪深い作戦を生んだ〝愚将〟は誰か、というテーマに移りましょう。

巷間「特攻生みの親」といわれているのが大西瀧治郎《おおにしたきじろう》中将ですが、彼が昭和十九年の十月にフィリピンのマニラに赴任したとき、マニラにいたのが福留繁でした。福留は、このとき第二航空艦隊司令長官。大西の第一航空艦隊は、台湾沖航空戦でかなりやられて戦闘機が三十機足らずになってしまっていた。それで大西はいわゆる「特攻」を決断する。一方、二航艦には戦闘機や艦爆や艦攻はかなり残っていた。それで、十月二十三日の作戦会議で大西は福留に「お前のところも特攻をやってくれ」と頼むわけですが、これを福留は拒否した。「特攻」そのものにも反対しています。「特攻」に関して福留は最後までノーでした。

保阪 二航艦の損害が増える一方、一航艦が十月二十五日の最初の「特攻」で華々しい戦果を上げたので、これ以降一、二航艦が合体することになります。

半藤 福留は合体した連合部隊の司令官になるのですが、実質は大西が指揮することになりました。要するに、福留は第一線では弱いとされ、二十年一月からは第一南遣艦隊（司令長官）に移されてしまった。つまり閑職に追いやられた。結局、戦後も生き残って、最後まで機密文書の紛失を隠蔽し通すのは、さきほど話したとおりです。

保阪　陸軍も海軍も特殊な兵器による特別攻撃というのは、かなり前から研究していましたね。

半藤　ずっと遡れば、昭和十九年の二月ぐらいに黒島亀人《くろしまかめと》が、これからの戦さは思い切った新兵器によって戦わないと勝てないと、「特攻」用の兵器開発を発案しますね。のちの回天とか震洋とか。徐々にですが、海軍の頭が決死の「特攻」的な方向に向いてくる。でもその段階ではあくまでも兵器でした。

保阪　黒島というのは、真珠湾攻撃時の連合艦隊首席参謀で、山本五十六《やまもといそろく》に引き立てられた男ですね。

半藤　そう、変人で知られていました。真珠湾攻撃の作戦をまとめる際、船室に閉じこもって、香を焚きながら作戦の構想を練っていたそうです。日本海海戦の先任参謀、秋山真《あきやまさね》之《ゆき》も変わっていますが、それを真似していたなんていわれています。ですけれども、黒島は飛行機に爆弾を積んで突っ込ませるという発想にまでは至っていない。

保阪　侍従武官の城英一郎《じょうえいいちろう》が、俺がやる、俺にやらせてくれと言って「特殊航空隊編成」の意見書を出しますね。もうここまできたら人間爆弾で戦わざるをえない、という意見は、個別にはいろんなところから出てきていた。

半藤　衆寡敵せずで戦局が立ち行かなくなるにつれて、どうせやられるのだから、はじめから生還を期さないで、特別兵器による効果的な攻撃方法を実施すべきではないかという議論がでてきました。ですから「海軍は命令ではなくて、澎湃《ほうはい》たる下からの要望によって、特攻に踏み切った」ということになるのですが、果して本当にそうなのかどうか。

保阪　いろいろな人が「特攻」的な戦術を追究していて、自然と十月二十五日の大西瀧治郎が命じた「最初の特攻」にいきついた、という理解が幅をきかせています。

半藤　どうもそれは、違うのではないかと思いますね。

昭和十九年六月、米軍がサイパン島を圧倒的な戦力で攻撃し上陸します。マリアナ諸島はいよいよだめということになって、天皇が何とか奪還できないかと下問する。大本営は何度も会議をやったけれども、結論は奪還不能、無理ということになった。そうすると天皇は元帥会議を開くといって、伏見宮《ふしみのみや》と閑院宮《かんいんのみや》、永野修身《ながのおさみ》と杉山元《すぎやまはじめ》の四人の元帥が呼ばれ、特別元帥会議が開かれた（閑院宮は病気で欠席）。そこで天皇が、何とかサイパン島を奪還しないと、もはや国家の命運が尽きるという主旨の発言をするのですが、陸海軍総長の説明を聞き、こもごも元帥が議論するものの、やはり無理だということに決定するのですね。ついにマリアナ諸島放棄を天皇も納得します。それで天皇が退室して残った三人が話をしているときに、伏見宮が、「ここまできたらもう、特別な攻撃方法によってやるよりしようがない」ということを言うんですよ。伏見宮という、戦争の最高指導者による判断が間違いなくそこにはあった。それが六月二十五日です。その元帥会議での伏見宮の発言後、ほかの二人の元帥ももっともだと承知してしまう。それで軍令部も参謀本部も、特攻攻撃が認可されたと了解するわけです。

保阪　その瞬間に「特攻」が国策になったのですね。

半藤　それから作戦がいっきょに具体化していきました。大森仙太郎《おおもりせんたろう》という水雷屋の中将が、兼務で特攻部長に任命されたのが十九年九月なんですよ。何をやるつもりの部署だったかよくわかりませんが。ですから大西瀧治郎中将が発案したものではないのです。ただ、いつ、どのようにやるかということに関しては、誰も確信を持てなかった。事実関係を証明する資料や証言がほとんど出てきていないのは、そのせいもあったと思いますね。

「特攻作戦生みの親」大西瀧治郎の神話

保阪　にもかかわらず、「海軍の特攻作戦は、大西瀧治郎によって始められた」と、不自然なほど歴史上に刻まれているがごときの感があります。

半藤　そこがどうもおかしい。捷《しょう》一号作戦の発動を迎えようとしたとき、大西さんは第一航空艦隊司令長官にまだ任命されていないのですよ。内示を受けてフィリピンに行った。正確にいうと、東京を十月九日に出ている。途中で台湾沖航空戦があったために、着任が遅れてマニラに着いたのが十月十七日。そのときは、南西方面艦隊司令部付という肩書きです。そして十九日から二十日の真夜中にかけて、第一航空艦隊の幹部を集め、「特攻」を発案するんですね。戦闘機に二五〇キロの爆弾を積んで突っ込ませる以外にない、と。それで第一航空艦隊の二〇一航空隊が中心となって実行することになりました。そして翌二十日に大西さんは第一航空艦隊司令長官に任命される。つまり特攻を発案して現場の指揮官を口説いたときは、まだ司令長官ではなかった。

保阪　軍令部作戦部長の中沢佑《なかざわたすく》少将が戦後に書いた回想録で、大西はマニラにいく前に中沢らと会っていると記しています。そのとき大西は「戦闘機の体当たり戦法をやる、軍令部の諒解を取ってほしい」と申し出たというのですが……。

半藤　そういうことになっていますね。東京を発つ前に、大西は中沢その他と相談をして決意をした、というふうになっているのですが。

保阪　このことは何も裏づけがありません。中沢の証言だけですね。

半藤　そうなんです。

保阪　ある人が調べたら、大西がきたという日に中沢は東京にいなかったことがわかったそうです。

半藤　私も中沢の証言はおおいに怪しんでいます。そんなチャンスはなかったのではないかと思っています。

保阪　これは大西が「特攻の生みの親」だという神話をつくるための、つくり話ではないでしょうか。

半藤　神話をつくるために、海軍は〝つくりもの〟をしたか――。答えはイエスです。ご存知のように一つだけその証拠といえるものが残っています。昭和十九年十月十三日に、軍令部作戦参謀の源田実《げんだみのる》中佐が起案して発した電報にはこうあるんですね。

「神風（しんぷう）攻撃隊の発表は……」。神風（しんぷう）という言葉を使っています。「神風攻撃隊の発表は全軍の士気高揚並に国民戦意の振作に至大の関係ある処、各隊攻撃実施の都度、純忠の至誠に報い攻撃隊名（敷島隊、朝日隊等）をも併せ適当の時期に発表のことに取計らいたい」と。

大西が「特攻」を決めたのは十月十九日の深夜から二十日にかけてでしょう。ところが十三日には、源田が具体的な「特攻」の指示を出している。大西は東京を九日に出ていた。ということは、要するに大西が現場で決意する以前に「神風攻撃隊」という名前も、「敷島隊」、「朝日隊」という名前もすでにあった。海軍軍令部は総力をあげて「特攻」やるつもりだった、と言わざるを得ないですね。

保阪　その電報は、軍令部からすでに「特攻隊」の作戦指示は出ていたという証拠ですね。けれど源田はこのことに関して戦後、まったくなにも語りませんでした。

半藤　一切、逃げた。俺は関係ない、と。

保阪　昭和六十二年に、ある新聞記者から質問されたときに「記憶にない」と答えて、「神風特攻隊」の名は、フィリピンに行った折に直接大西から聞かされたとまで言っています。

半藤　「俺は戦闘機乗りで、戦闘機を爆弾の代わりにするなんてあり得ない」などと、おこがましいいいわけを口にしていましたよ。

保阪　八月十五日の敗戦の翌日に割腹自殺した大西にその責任を押しつけて、神話をつくるためのいろんな小道具が用意されているけれど、史実としては確実なものはなく、むしろ源田電報のような否定するようなものが出てきているということですね。

半藤　そういうことですね。ですから特攻作戦は大西が突然、思いついたのではない。海軍中央が総力をあげて考え、軍令部作戦部が中心となって、海軍の新しい作戦として考案されたものに違いないと考えられます。

保阪　「神風攻撃隊」という名称がでてくるのはこのときが最初ですね、源田の電報が。

半藤　しかし源田の電報は「神風攻撃隊」なんですね。「特別」はついていなかった。そこで考えられるのは、大西は、もしかしたらレイテ決戦にだけ特別な攻撃の「特攻」をやるつもりだったのではないか、ということなんです。敵の航空母艦の甲板をどうしてもつぶさなくてはならないから、今回だけはやる、ということで大西は〝特別〟とつけたのではないかと最近は思っているのです。

ところが思いのほかうまくいってしまった。わずか十数機で航空母艦一隻を沈めてしまったんですね。それまでは第二航艦の二百機かかってやっと一隻、といった按配でしたから、これは効率がいいと。以降〝特別〟ではなくなってしまった。

保阪　たしかに「レイテ決戦」の限定使用の言葉だったかもしれませんね。実際、レイテのあと、沖縄のときの「特攻」はもう「攻撃」とも言えません。

半藤　海軍は沖縄を最終決戦と認めて全力をあげた。本土決戦はないこととしましたから、特攻作戦もフル回転でやった。しかしあれはおっしゃるように「特攻」じゃないですね。あれは戦闘ではなくて自殺行でした。

陸軍の特攻を指揮した冨永恭次の裏切り

半藤　海軍はその辺まではわかる。わからないのは陸軍のほうなんです。

保阪　レイテ決戦で海軍が特攻をやったあと、陸軍もすぐに始めています。十九年十一月には「陸の特攻　万朶《ばんだ》飛行隊」の攻撃がありました。

半藤　比島方面軍陸軍航空部隊指揮官だった冨永恭次《とみながきょうじ》が主導した作戦ですね。このとき冨永は万朶隊のメンバーを司令部に呼んで、「最後の一機で俺も行く」などと励ましを入れていますよ。

保阪　冨永は、希望をとるという形で「特攻」を始めたということになっていますね。陸軍は統帥上こうした作戦を命令することはできないという建て前で、それぞれの航空部隊

陸軍特攻隊進襲隊員と別れの杯をかわす冨永恭次中将（昭和 20 年 2 月、フィリピン）

で希望者を募るという形をとった。海軍に続いて陸軍の特攻隊が本格的に飛んでいくのは沖縄戦からではないでしょうか。昭和二十年の三月、四月あたりです。

半藤　冨永が台湾に逃げたのは二十年の一月でしたね。

保阪　ええ。レイテ戦で散々に米軍にやられて、参謀を引きつれわずかに残った飛行機で台湾に逃れるのですが、冨永にも冨永の論理があって、自分は指揮権を放棄して逃げたのではないと。台湾に戻って態勢を整えてから再度戦闘に出るつもりだったと言うのですが、現実的には誰がどう見ても敵前逃亡でした。

彼自身は、たぶん特攻という作戦を行な

うことは怖かったのだと私は思いますね。内心ではいやだったのでしょう。けれど、二十年、四月当時の新聞には、冨永は壇上に立って、「諸君はすでに神である」と、飛んでいく青年たちに挨拶している写真が載っていますね。彼の二面性みたいなものをそこに感じます。東條英機《とうじょうひでき》にかわいがられて引き立てられるのだけど、自身はいろんな失敗を重ねていった。東條人脈に典型的なタイプの無責任な人でした。

半藤　冨永は台湾に逃げたあとは予備役に追いやられて、そのあとすぐ召集され、主力が南方に転出した後の満州の関東軍へ行かされました。シベリアに抑留されて、帰国したのは昭和三十年でしたか。

保阪　いずれにしても、陸軍の特攻の経緯が不明朗なのは、中央の意思が基本的にはなかったからです。ないというか、統帥が上から命令を下したという形はつくらなかったからでしょう。「特攻をやれ」と示唆するような会議はあるのですが、最終的には、陸軍第六航空軍司令官の菅原道大《すがわらみちお》と第四航空軍司令官の冨永恭次に任して、しかも希望をとってやれという形をとった。だから陸軍の場合は、責任がまったく問われないようなうまいかたちになりました。とは言うものの、「希望者、前へ出ろ」と言っても現実にはみんな出ざるを得ないようになっていたわけです。天候不順や機体の不備で帰還した特攻隊員は容赦なく三度、四度と飛ばされています。司令官の菅原、冨永が後に責任を問われるところは、そのとき、「君らだけを行かせはしない。最後の一機で本官も特攻する」、などと言っていたからですね。

半藤　それはもう、菅原が「本官もまもなくいくであろう」なんて言っているニュース映像がいまでも残っていますからね。軍刀を振って送り出している。

保阪　責任者がのちに責任をとらないだけでなく、あろうことか指揮の現場からも逃げていた、ということもありました。陸軍の特攻はそうとう無茶苦茶だった。

これは学徒でいった整備兵の人から聞いた話ですが、知覧でも、搭乗前に失禁したり失神したりする特攻隊員がいたというのです。それを抱え込んで無理やり乗せたというんですね。その人も怖気づいた兵隊を抱え込んで飛行機に乗せたことがあり、そのことがいまでも心の傷として残っていて消えない、と言っておられました。ご存じの通り、特攻隊員の遺書は悲惨そのものですよ。「こんな作戦をやる国が勝つわけがない。けれどいかざるを得ない」とか……。

半藤　そういう遺書がたくさん残っていますね。

戦後、養鶏業をやっていた司令官

半藤　陸軍の特攻作戦の責任者としていちばん恨まれているのはだれかというと、おそらく第六航空軍司令官の菅原道大中将でしょう。

保阪　ええ。昭和十九年十二月からは第六航空軍が主体で、菅原は送り出すときの責任者でした。彼が恨まれているのは、日程をつくり、勝手に出撃数を決めて、そして「俺もあとから行く」と言っては次々と送り出したことなんですね。つまり彼はかなり強制的に行かせていたのです。そして冨永同様、彼も行かなかった。なにも責任をとっていないということへの恨みではないでしょうか。

半藤　海軍の場合は、沖縄戦では第五航空艦隊の宇垣纏《うがきまとめ》中将が司令長官として主体となってやったわけですが、宇垣は八月十五日に最後の「特攻」として、十一人部下を連れて沖縄にいきましたね。当時のことを書いた資料を読むと、あれはみんなが希望して行ったということのようですが。

保阪　長官を一人でいかせるわけにいかない、俺もいく、と。とはいえ、戦争は終わっているのになぜ道連れにしたのか、と遺族には恨んでいるひとが少なからずおられますね。

半藤　僕は昭和三十六年に週刊誌で「人物太平洋戦争」という連載をやっていまして、陸軍特攻隊を扱ったときに菅原道大に会いに行っているんです。菅原は埼玉県の飯能で養鶏業を営んでいました。もちろん特攻隊の話を聞きにいったのですが、「申しわけない」とひれ伏してしまって何も話してくれない。「とにかく若い人たちを悪く書かんでください」と、そればっかりなんです。「いやいや、そんなことを言っているのではなくて、陸軍の特別攻撃隊というのはどういう形で発案されて、どういう手続きを経て始まったものかを知りたいのです」といくら言ってもだめなんです。「自分は犬畜生と罵られてもいい、だけど特攻隊のことは悪く書かないでください」って、本当にそれしか言わなかった。一時間もいたのに、聞けたのはこれだけでした。

保阪　彼には罪を責められているという、強迫観念があったのではないでしょうか。

半藤　それはあったと思いますよね。そもそも真珠湾のときの特別攻撃隊に山本五十六は猛反対したんですね。「十死ゼロ生などというものを、上の指揮官は命令すべきでない。だから自分は認可しない」と。ところが特殊潜航艇の隊員が、出撃後に潜水艦に帰ってくる方法を提出し、血書まで書く勢いでやらせてくれと迫ったわけですね。それでようやく山本五十六は認可するのです。山本が言うとおり、上に立つ指揮官は、自分が責任をとれないことは命令しちゃいかん。菅原道大のように、戦後になって申しわけないと謝ってもだめですよ。命令しちゃいけませんよ。

保阪　菅原道大も、おそらくは内々に「特攻」の割り当て命令がきてるんですよ。

半藤　参謀総長からね。

保阪　そういうことを菅原は言えないという立場にいたのではないでしょうか。誰かがスケープゴートになって憎まれなきゃいけないということを、彼は承知で引き受けていたのかもしれません。ただ、まあ、さんざん「俺もすぐ行く」なんて実に調子のいいことを言っていたわけですが。菅原の名前や大西の名前を必要とした〝将〟がいたということですね。

特攻をきれいごとにするな

保阪　しかし何度も言うようですが、陸軍の特攻の話は聞くだに悲惨というか、生き残った方々の恨みはすごい。訓練も速攻で、訓練といっても飛行機で「上がれ、下がれ」、これだけですから。

半藤　命中率も最後のころはせいぜい三、四パーセントくらいだったようですね。

保阪　陸軍の「特攻隊」はいわば「玉砕」と同じようなものでした。日本軍は昭和十八年の五月、アッツ島から玉砕戦術を始めます。はじめは美談として語られる抗戦のエピソードなどもあって士気を鼓舞しましたが、玉砕が重なるたびに国民的士気が落ちてきた。特攻の経緯や責任が不明朗なのは、そこへさらに上からの命令としての「特攻隊」は、とてもじゃないが表ざたにできなかった、という事情があったのではないでしょうか。

半藤　しかし海軍は特攻を出したと。海軍に負けるな陸軍もつづけ！……ということだったとするとひどいですねえ。

保阪　特攻作戦というのはきれいごとにされて、大事なことがだいぶ隠されてしまいました。特攻について語られるべきエピソードが、ある種、恥部のようになってしまった。知っているのにディテールを話さない。きれいな話にしておく。ナショナリズムの問題と関係があると思うのですが、そういうことがずっと続きましたよね。

半藤　いまでもあります。いまだって、「特攻は犬死だった」なんて言うと、怒られてしまうような空気がありますよ。

保阪　小泉純一郎みたいに、知覧へいって感動して泣かなきゃいけない、という空気がたしかにまだありますね。特攻の遺書を読めば僕も泣けてきますけれど、そういう日本人の情感に触れるようなところで、ごまかされているということがあります。特攻はむしろ戦略、戦術の問題として、問われなくてはいけないのに。

半藤　そうです。組織が非情にもそういうことを計画して、九死に一生じゃなくて十死ゼロ生の作戦を遂行したと。責任のとれないことを命令したと。本当は、このことはもっともっと問わなくてはならないのです。

保阪　大西は腹切ったじゃないか、宇垣は自分で死んだじゃないかと。

半藤　ええ。それでもういいじゃないか、ということにされていますね。

保阪　これは怖いことです。僕は「特攻」というのは文化に対する挑戦だと思っています。あの時代の指導者の、文化に対する無礼きわまりない挑戦だったと。

半藤　「特攻」に対する考察がし尽くされぬままなら、日本人は軍隊なんかつくっちゃいかんと思いますよ。

保阪　そうだと思います。これをきちんと総括できないと、それこそ「特攻」で死んだ人たちに申し開きができません。僕は二〇〇五年に『「特攻」と日本人』という本を書きました。「犬死ではない、しかし英雄でもない、我われは感情的になってはいけない」と思いながら書いた。冷静に、冷静にと、泣くのはいいけど、人前で泣いちゃいけない、感情的になっちゃいけない、というようなことを思いながら。

今年（二〇〇七年）の八月、私の卒業した高校の百周年で講演をした際、終わったあと、二年生の女生徒が、先生の本を読んでの感想ですが、と言ってそれで質問していいですかと。先生はこの本のはじめのほうで、感情的になってはいけないと書いていました。でも文章の途中から感情的になっていたのではないでしょうかって（笑）。どこが？　と聞いたら、具体的に指摘する。僕はどう答えたと思います？「感情はあらゆる論理にまさるんだよ」って（笑）。

半藤　だめだね、どうも。保阪さんもまだ総括しきれていませんかな（笑）。

第一章〜第七章　「オール讀物」平成十九年三〜九月号
第八章〜第十一章　語り下ろし（構成・石田陽子）
写真　毎日新聞社

半藤一利（はんどう　かずとし）

1930年、東京生まれ。東京大学文学部卒。作家、歴史探偵。2021年、逝去。著書に『日本のいちばん長い日』『漱石先生ぞな、もし』『ノモンハンの夏』『指揮官と参謀』『聖断』『ソ連が満洲に侵攻した夏』『昭和史』『山本五十六』などがある。

保阪正康（ほさか　まさやす）

1939年、札幌市生まれ。同志社大学文学部卒。ノンフィクション作家。著書に『東條英機と天皇の時代』『昭和陸軍の研究』『瀬島龍三』『昭和史七つの謎』『あの戦争は何だったのか』『昭和天皇』『昭和史の大河を往く』シリーズなどがある。

文春新書

618

昭和《しょうわ》の名将《めいしょう》と愚将《ぐしょう》

2008年2月20日　第1刷発行
2021年2月25日　第18刷発行

著　者　半藤一利
　　　　保阪正康
発行者　大松芳男
発行所　株式会社 文藝春秋

〒102-8008　東京都千代田区紀尾井町3-23
電話（03）3265-1211（代表）

印刷所　理想社
付物印刷　大日本印刷
製本所　大口製本

定価はカバーに表示してあります。
万一、落丁・乱丁の場合は小社製作部宛お送り下さい。
送料小社負担でお取替え致します。

ISBN978-4-16-660618-4

文春新書好評既刊

半藤一利・保阪正康・中西輝政・戸高一成・福田和也・加藤陽子
あの戦争になぜ負けたのか
戦後六十余年、「あの戦争」に改めて向き合った六人の論客が、開戦から敗戦までの疑問を徹底的に掘り下げる。「文藝春秋」読者賞受賞
510

半藤一利
日本型リーダーはなぜ失敗するのか
日本に真の指導者が育たないのは帝国陸海軍の参謀重視に遠因がある——戦争の生き証人達に取材してきた著者によるリーダー論の決定版
880

半藤一利・保阪正康・御厨　貴・磯田道史
「昭和天皇実録」の謎を解く
初めて明らかにされた幼少期、軍部への抵抗、開戦の決意、聖断、そして象徴としての戦後。1万2千頁の記録から浮かぶ昭和天皇像
1009

半藤一利・佐藤　優
21世紀の戦争論
昭和史から考える
蘇る七三一部隊、あり得たかもしれない占領政策。八月十五日では終わらないあの戦争を昭和史とインテリジェンスの第一人者が語る
1072

半藤一利編・解説
なぜ必敗の戦争を始めたのか
陸軍エリート将校反省会議
和平は開戦か——太平洋戦争開戦直前に陸軍は何を考えていたのか。中堅将校たちが明かした本音とは。巨大組織の内幕が見えてくる
1204